汤不仅味美可口，能刺激食欲，而且食材中所富含的营养成分多半已溶于水中，极易吸收。

张明 主编

养生祛病

一碗汤

天津出版传媒集团

天津科学技术出版社

图书在版编目（CIP）数据

养生祛病一碗汤 / 张明主编 . —天津：天津科学技术出
版社，2013.8（2023.12 重印）

ISBN 978-7-5308-8170-5

Ⅰ . ①养… Ⅱ . ①张… Ⅲ . ①食物养生—汤菜—菜谱
Ⅳ . ① TS972.122

中国版本图书馆 CIP 数据核字（2013）第 176623 号

养生祛病一碗汤
YANGSHENG QUBING YIWANTANG
策划编辑：杨　譞
责任编辑：孟祥刚
责任印制：兰　毅

出　　版：天津出版传媒集团
　　　　　天津科学技术出版社
地　　址：天津市西康路 35 号
邮　　编：300051
电　　话：（022）23332490
网　　址：www.tjkjcbs.com.cn
发　　行：新华书店经销
印　　刷：三河市华成印务有限公司

开本 889×1 194　1/24　印张 5　字数 61 000
2023 年 12 月第 1 版第 3 次印刷
定价：48.00 元

中医推崇"药补不如食补"，食物不仅能饱腹，还能起到保健的功效。在食补中，汤膳扮演着重要的角色，健康的身体需要平时的调养呵护，一碗营养美味的养生祛病汤，不仅是养生的养充饥食物，更是对健康的呵护与关爱。

前言

中医推崇"药补不如食补"，食物不仅能饱腹，还能起到保健的功效。在食补中，汤膳扮演着重要的角色，汤是人们所吃的各种食物中最鲜美可口、最富有营养、最容易消化的品种之一。常言道"饭前先喝汤，胜过良药方"，说明汤不但营养丰富，而且还有一定的药膳功能。各种烹饪原料经过煮、熬、炖、汆、蒸等加工工艺烹调，形成了多汁、有滋有味的食物。汤不仅味美可口，能刺激食欲，而且食材中所富含的蛋白质、脂肪、矿物质等成分多半已溶于水中，极易吸收。

汤膳有着悠久的历史，在我国，"吃肉不如喝汤"的观点更是深入人心。常见的汤品有快汤、高汤、羹汤等。食欲不振的人，喝一碗"姜归羊肉汤"可开胃消食；精神萎靡的患者，喝一碗"天麻鱼头汤"可提神健脑；产后的新妈妈，喝一碗"中药炖乌鸡"可补血养血；想减肥的朋友，每天喝一碗"绿色润肠汤"可排毒瘦身。不同的汤有不同的功效，像猪腰汤可以保肝护肾，骨汤可以抗衰老，莲子汤可以养心润肺等。药补不如食补，食补最好的方法就是"汤补"。

随着医保的实施、处方药与非处方药的分类使用，医学保健常识的普及，"大病上医院，小病上药站"，"医院诊断，家中治疗"渐成时尚。而药源性疾病的增多和西药副作用的不断出现，又使中医药日益受到人们的重视，以汤疗疾更是人们的宠儿。中医讲究"三分治疗七分调养"，可谓平时的调养比治疗更加重要，而汤膳则是药膳中最易被人体吸收、最方便于家庭日常制作的一个食疗品种。养生汤是在中医辨证施治的原则指导下，选用中药制成汤膳，用来防治疾病的一种食疗方法。养生汤以食材易得、方法简单、疗效确实、药力集中、副作用少而被人们所喜爱。健康的身体需要平时的调养呵护，一碗营养美味的

汤不仅味美可口，能刺激食欲，而且食材中所富含的营养成分多半已溶于水中，极易吸收。

养生祛病汤，不仅是养生充饥食物，更是对健康的呵护与关爱。

本书以指导你如何根据自身状况选用恰当的汤膳调理身体为出发点，收录了包括谷物、蔬菜、水果、肉类、水产以及中药材等多种常见食材，并从开胃消食、提神健脑、保肝护肾、养心润肺、降糖、降压降脂、防癌抗癌、补血养颜、排毒瘦身、免疫力增强以及延年益寿等角度，为你推荐了百余道汤膳。让你轻松依照功效制作自己喜欢的养生汤。书中所选的汤膳汇集各地经典，适于不同人群选择，适合不同季节食用，每道汤均配有精美的图片和详细的制作过程，美观的版式、丰富的内容，满足你美味与营养的双重需求，同一食材的不同口味，让一碗汤变得有滋有味，让你不但能吃得健康，还能吃得明白。

中医推崇"药补不如食补"，食物不仅能饱腹，还能起到保健的功效。在食补中，汤膳扮演着重要的角色。健康的身体需要平时的调养呵护，一碗营养美味的养生祛病汤，不仅是养生充饥食物，更是对健康的呵护与关爱。

目录

第六章 降糖汤 ………………………………49

第八章 防癌抗癌汤 ·························· 67

第十二章 延年益寿汤 …………………… 101

第一章

饮食养生汤为先

汤饮的营养保健功效

为了能够充分地发挥汤的养生功效，我们就要对做汤食材的养生功效有所认识和了解，这就需要我们认识食材的五味，掌握食材的四性。不同的食材有不同的性、味和归经，有不一样的养生功效，适合于不同的人群和体质，适合于不同的季节食用。如果能够顺应季节选择适合自己体质的食物入汤，就能最大限度地发挥食材的养生功效。

认识五味煮好汤

食物分五味，五味原料入汤，可单一，也可多样。五味既相互配合、又相互制约，是和人体、季节紧密相连的。如能按照季节、身体状况，调节五味原料入汤，就会对养生起到事半功倍的作用。

五味图表				
味	对应内脏	功效	过量食用危害	代表食物
酸	入肝	促进消化和保护肝脏的作用，杀灭胃肠道内的病菌，预防感冒、降血压、软化血管	伤脾，会引起胃肠道痉挛，消化功能紊乱	山楂、狗肉、韭菜、芝麻
甘	入脾	补气养血、补充热量、解除疲惫、调养解毒	伤肾，心气烦闷、喘息、肤色晦暗、骨骼疼痛、头发脱落、血糖升高、胆固醇增加，使人发胖，诱发心血管疾病	大枣、粳米、牛肉
苦	入心	清热、泻火	会使皮肤枯槁、毛发脱落，极易导致腹泻，消化不良等症	杏、羊肉、麦
辛	入肺	保护血管，调理气血、流通经络，预防风寒、感冒	刺激胃黏膜，使肺气过盛，筋脉不舒、指甲干枯	桃、葱、肌肉、黄黍
咸	入肾	调节人体细胞和血液渗透、保持正常代谢	会使流经血脉中的血瘀滞，甚至改变颜色	栗、猪肉、大豆

五味与四季养生图表		
四季 / 食用宜忌	少食	多食
春季	酸	甘
夏季	苦	辛
秋季	辛	酸
冬季	咸	苦

掌握四性煮好汤

　　食物的四性即寒、凉、温、热，食物的寒凉性和温热性是相对而言的，还有一类食物在四性上介于寒凉与温热之间，即寒热之性不明显，通常将之称为平性。在我们日常食用的食物中，平性食物居多，温热性食物次之，寒凉性食物最少。食物在入汤时，讲究相互搭配、寒热均衡，这样才能保证膳食平衡，才不至于对人体体质造成伤害。

<table>
<tr><td colspan="4" align="center">食物四性图表</td></tr>
<tr><td>四性</td><td>养生功效</td><td>适应人群</td><td>代表食物</td></tr>
<tr><td>温性</td><td>增强体力、补气血</td><td>适合温性体质、虚性体质、湿性体质，以素食为主的人群</td><td>糯米、猪肝、牛肉、韭菜、枣、姜</td></tr>
<tr><td>寒性</td><td>除燥热、利尿</td><td>适合热性体质、实性体质，以肉食为主的人群</td><td>大白菜、冬瓜、螃蟹、海带、西瓜、甘蔗</td></tr>
<tr><td>凉性</td><td>除燥热、静心</td><td>适合燥性体质</td><td>小麦、鸭肉、菠菜、草莓、菊花</td></tr>
<tr><td>热性</td><td>暖身散寒</td><td>适合寒性体质</td><td>辣椒、胡椒、鳟鱼、肉桂、花椒</td></tr>
</table>

　　不管是传统中医还是现代科学研究都已经证实，汤饮养生是饮品养生中的一种极佳方法，对人体健康养生大有裨益。

　　煲汤大多会经过急火煮沸、慢火煮烂的过程，各种食材、药材经过这样长时间的炖煮，多被煮得软烂，食用这些食材有利消化，不会增加消化系统的负担，而且这些食材的营养成分在这个过程中充分渗入到汤中，极易被人体消化吸收。而且汤可以润滑口腔和肠胃，刺激胃液的分泌，起到帮助胃消化的作用，从而达到增进食欲的效果。

不同的汤品，不同的功效

　　煲汤的食材广泛，营养保健功效各异，因此，无论是身体虚弱，或是患有疾病的人群，都可以通过汤饮来养生，即使是身体健康的人群，也可以通过汤饮来强身健体。

　　因此，如果能够掌握一些日常汤品的养生功效，经常为家人献上一道营养美味的汤品，就一定能够为家人的身体健康保驾护航。

　　1. 鸡汤抗感冒

　　鸡汤，特别适用于体弱多病者。鸡汤（特别是母鸡汤）中的特殊养分，能够加快咽喉部支气管黏膜的血液循环，增强黏液分泌，及时清除呼吸道病毒，可以有效地缓解咳嗽、咽干、喉痛等症状，对感冒、支气管炎等的防治效果独到。

　　2. 鱼汤可防哮喘

　　鱼汤中含有一种特殊脂肪酸，这种脂肪酸具有抗炎作用，可抑制呼吸道发炎，防止哮喘疾病的发作。如果能够坚持每周喝 2～3 次鱼汤，可使因呼吸道感染而引起的哮喘病发生率减少 75%。

3. 骨头汤补充钙质，抗衰老

骨头汤适用于儿童和老人。儿童喝骨头汤是较好的补钙方式，且吸收利用率较高。而老人常喝骨头汤能预防骨质疏松，随着年龄的增加，骨髓制造红细胞和白细胞的能力也会逐渐衰退，会出现头发脱落、皮肤变干燥和松弛，经常伤风咳嗽等现象，甚至招致心脑血管疾病缠身，这些都是微循环障碍的结果。骨汤中蕴含的特殊营养成分以及胶原蛋白等可疏通微循环，从而改善上述老化症状，起到抗衰老作用。

4. 蔬菜汤抗污染

蔬菜汤有"人体清洁剂"的美称。各种新鲜蔬菜中都含有大量碱性成分，并易于溶入汤中，饮用蔬菜汤可使体内血液呈弱碱性，并能促使沉积于细胞中的污染物或毒性物质重新溶解，随尿液排出体外。

5. 海带汤增强新陈代谢

海带中富含碘元素，利于甲状腺激素的合成，此种激素具有产热效应，通过加快组织细胞的氧化过程提高人体基础代谢，并使皮肤血流加快，从而增强人体的新陈代谢。

煲汤方法要掌握

煲汤的食材取材广泛，汤品的种类各异，常见的汤品有：

高汤

高汤是烹饪中常用到的一种辅助原料，主要选用猪骨、鸡骨和鱼骨等为煲汤原料。以高汤为辅助原料做出来的汤品滋味更加鲜美。制作高汤所用的材料各有优劣，只有掌握正确的熬制方法，才能扬长避短，熬出质优价廉的高汤。尤为注意的是，由于高汤在制作过程中，需要反复熬制，使得其中亚硝酸盐含量严重偏高，因此，高汤只能作为调味辅料使用，直接饮用会极大增加致癌隐患。

浓汤

浓汤是以高汤做汤底，添加各种材料后一起煮，再以大量的淀粉勾芡做成的，其汤汁呈浓稠状，味道也比较醇厚，如玉米浓汤。

清淡汤

清淡汤大多加热时间较短，汤汁清澈、口感滑嫩。但是，由于材料加热的时间太短，所以食材的鲜味无法在汤中得到完全释放，因此必须靠调料或高汤来提味。常见的清淡汤有家常的酸辣汤、青菜豆腐汤、蛋花汤等。还有一些汤直接以材料本身的原味提鲜，这就需要用小火慢熬。切忌用大火烧，否则，不仅材料不容易煮烂，而且汤汁会快速蒸发，造成汤汁混浊，失去美感。

甜汤

甜汤的味道甜美，根据不同配制及佐料可起到滋润、泄热、止渴、生津、美容养颜、滋阴除烦、补血安神等功效，有极高的营养价值。可以作为甜汤的材料有很多，不同的材料具有不同的功效，有的属于清凉性，有的具有燥热性。根据不同的主料来配搭不同辅料，可以达到相辅相助的效果。

羹汤

羹汤虽然也是以粉料勾芡而成，但和浓汤之间还是存在着一些差异的，羹汤所用的粉料以淀粉或玉米粉为主，食材往往切得非常细碎，只有这样，才能缩短烹制的时间，保证食材软烂，常见的羹汤有海鲜羹汤、肉羹汤等。

无论是哪一类汤品，都有其各自的风味特点和养生功效，但汤品的味道和营养功效主要还是取决于煲汤方法的正确与否，不同的煲汤原料，就要采用不同的方法煲制，只有这样，才能让原料的营养价值最大限度地发挥出来，下面就介绍几种常见的煲汤方法以及相应的注意事项：

汆汤

汆汤是煲汤的常用方法之一，指对一些原料进行过水处理的方法，属于大火速成的烹调方法。汆菜的主料多加工成细小的片、丝、花刀形或制成丸子，而且成品汤比较多。这种煲汤方法容易产生浮沫，要除去。通过这种烹调方法煲制出来的汤品质嫩爽口、清淡解腻。

煮汤

煮汤的方法和汆汤有些相似，但煮汤比汆汤的时间长。煮汤就是把主料放在汤汁或清水中，用大火烧开后，改用中火或小火慢慢煮熟。值得注意的是，在煮汤的过程中，汤要一次性加足，不要中途续加，不需要勾芡，否则就会影响味道。通过这种烹调方法煲制出来的汤品口味清鲜、汤菜各半。

炖汤

炖汤要先用葱、姜炝锅，再冲入汤或水，烧开后下入主料，先大火烧开，再小火慢炖。要想炖一款美味鲜汤，最好选择韧性较强、质地较坚硬的块状原料。通过这种烹调方法煲制出来的汤品的汤汁清醇、质地软烂。

熬汤

熬汤就是将原料用水涨发后，除去杂质，冲洗干净，撕成小块，锅内先注入清水，再放入原料和调料用大火烧沸后，撇净浮沫，改用小火熬至汁稠味浓即可。熬汤的时间比炖汤的时间更长，一般在3小时以上，多适用烹制含胶质重的原料。

煨汤

煨汤是指将质地较老的原料放入锅中，用小火长时间加热直到原料熟烂为止，汤汁无须勾芡，最后放盐。尤其要强调的是，煨汤一定要选择质地较老、纤维较粗、不易成熟的原料，并将其切成较小的块状。通过这种烹调方法煲制出来的汤品的主料酥烂、汤汁浓香、口味醇厚。

煲汤调味有诀窍

煲一锅好汤，调味是关键的一步。调味就是将原料按配方比例和工艺程序进行投放与调和，使调料与主料、配料在加热过程的前、中、后三个阶段，相互影响，相互渗透，使其发生物理和化学反应。它的功效在于，可以去除异味、保持本味、增加美味、确定口味、调节和丰富菜品色彩、提高营养价值、杀菌等。

《吕氏春秋》第十四卷《本味篇》中有这样的记载，"调和之事，必以甘、酸、苦、辛、咸，先后多少，其齐甚微，皆有四起"，要达到"甘而不浓，酸而不酷，咸而不减，辛而不烈，淡而不薄，肥而不厚"。在为汤调味时，就要承袭这一宗旨，使调制出来的汤品不可过咸、过辣、过甜，要亦甜、亦咸、亦辣等，做到不偏不倚、不藏不露、适中可口。

要想调出理想的味道，首先就要选对调料。你想要什么味道，就要选用能调出这种味道的调料。

煲汤用水有讲究

水既是鲜香食物的溶剂，又是食物的传热媒介，还是汤的精华。水温的变化、用量的多少、水质的好坏都会对汤的味道产生直接的影响。因此，煲汤用水有很多的讲究，以下几点一定要注意：

（1）煲汤时，最难掌握的是不知如何计算水量、时间、原料和火候。为了煲汤方便，可根据以下的换算公式确定用水量：

喝汤人数 × 每人喝的碗数 ×220（每碗 220 毫升）

水量也要根据预定的煲煮时间来确定。长时间煲煮的汤品水量会越煮越少，所以要在基本水量之外增加 10%，避免中途加水，否则会破坏汤的鲜美。这时就要遵循以下公式：

煮 1 小时的水量是：喝汤人数 × 每人喝的碗数 ×220×110%

煮 2 小时的水量是：喝汤人数 × 每人喝的碗数 ×220×120%

煮 3 小时的水量是：喝汤人数 × 每人喝的碗数 ×220×130%

如果是隔水蒸炖的汤，由于水分不会蒸发，因此，煲汤的用水量就要遵循这样的公式：

喝汤人数 × 每人喝的碗数 ×220

快速滚汆类的汤与羹汤，由于煲制时间短，汤水不会很容易蒸发掉，这时，煲汤的用水量就要遵循这样的公式：

喝汤人数 × 每人喝的碗数 ×220×80%

水量的计算也要考虑到原料的分量及含水率。如使用豆类、粮食类、干货或药材等容易吸水的原料，汤水不妨多加一点；而蔬菜类、瓜果类等含水量较多，容易出水的原料，煮汤的水量可以稍少一点。

（2）煲汤一般有两种方法，即开水煲汤和凉水煲汤。大部分均使用开水煲汤，而有些原料则需要用凉水煲汤，比如河鱼。凉水煲汤时，若用自来水，则必须烧开后晾凉。因为自来水中含有漂白粉或氯气，漂白粉在消毒杀菌的同时，也会在煲汤的过程中将肉中的维生素 B_1 破坏掉，这在无形之中就会失去一部分营养素。

（3）煲汤时绝不能使用纯净水与蒸馏水，纯净水过滤得很彻底，除了氧以外不含任何营养物质，而蒸馏水属于纯水，连氧也没有，更没有别的物质。

（4）煲汤时切忌使用时间过长的老化水。这类水的细菌指标过高，即便煲汤，水中细菌不仅容易污染原料，而且煮沸后还会有沉淀污物。

（5）煲汤时切忌使用炉火上沸腾了太长时间的或反复沸腾的千滚水。煮得过久，水中的重金属以及亚硝酸盐含量就会升高，饮用此类水，会引起腹泻、肠胃不适甚至机体缺氧。

（6）切忌使用剩余汤汁重新加热。同千滚水一样，它的亚硝酸盐含量会增加，对人体不利，因此制作汤品应适量，一旦制作多了，可吃掉汤中主料，剩余汤汁不可重复加热饮用。

好汤会喝才健康

煮汤要讲究一定的方式和方法，喝汤同样也要遵守一定的原则，什么时候喝、怎样喝都有其特定的讲究，喝得合理，则延年益寿；喝得不得法，反而于健康有害。那么，喝汤应注意哪些问题呢？

汤料要一起吃

大多数人认为，汤经过长时间煲煮，食材中的营养素已全部融进了汤中，因此就失去了食用价值。实际上，这种看法是错误的。相关实验证明：用鱼、鸡、牛肉等富含高蛋白的材料煮汤，6 小时后，汤看上去已经很浓了，可实际上只有 6% ~ 15% 的蛋白质融进了汤中，其余 85% ~ 94% 的蛋白质仍留在食材中。因此，只有将汤、料同食，才能最大限度地吸收营养。

饭前喝汤

卫生部健康教育专家认为："饭前喝汤，苗条健康；饭后喝汤，越喝越胖。"《黄帝内经》也有记载："邪气留于上焦，上焦闭而不通，已食若饮汤，卫气留久于阴而不行，故卒然多卧焉。"就是说，邪气停留在上焦，使上焦闭阻，气行不通畅，若在吃饱后，又饮汤水，使卫气在阴分停留时间较长，而不能外达于阳分，人就会突然嗜睡了。

饭前先喝汤，可以将口腔、食道润滑一下，这样就能够防止干硬食物刺激消化道黏膜，有利于食物稀释和搅拌，促进消化、吸收。而且饭前喝汤可使胃内食物充分贴近胃壁，增强饱腹感，从而抑制摄食中枢，减少进食量。有研究表明，一碗汤，可以让人少吸收 420 ~ 800 千焦的热能。相反，饭后喝汤是一种不利于健康的做法。吃饱后再喝汤容易导致营养过剩，造成肥胖，而且最后喝下的汤会冲淡胃液，而影响食物的消化吸收。

中午是喝汤的最佳时机。营养专家指出："午餐时喝汤吸收的量最少"，因此，为了防止长胖，不妨选择中午喝汤。而晚餐则不宜喝太多的汤，否则吸收的营养堆积在体内，很容易导致体重增加。

不宜用汤泡饭

有人喜欢吃"汤泡饭"，这是非常不科学的。要知道，食物只有经过充分的咀嚼，才易于被肠道消化吸收。而汤与饭混合在一起吃，食物在口腔中尚未被完全嚼烂，就与汤一同进入了胃中，由于食物没有被充分咀嚼，这无形中给胃增添了许多负担。更何况，胃和胰脏分泌的消化液本来就不多，而且还被汤冲淡了，吃下去的食物，无法得到很好的消化吸收，这样，就成了一个恶性循环，久而久之，就会引发多种疾病。

喝汤要适量

喝汤对健康有益，并不是喝得多就好，要因人而异。同时，也要掌握喝汤时间，以饭前 20 分钟左右为好，吃饭时也可以少量喝汤。总之，喝汤以胃部舒适为度，切忌"狂饮"。

喝汤不宜过快

美国营养学家指出，只有延长吃饭的时间，才能充分享受食物的味道，并提前产生饱腹的感觉，喝汤也是同一道理。慢喝汤会给食物的消化吸收留出充足的时间，感觉饱了时，就是吃得恰到好处之时；而快速喝汤，等你意识到饱了，可能摄入的食物已经超过了身体所需要的量。

不宜喝单一种类的汤品

人体需要补充各种营养，而爱喝单一种类汤水的人，易出现营养不良的现象。医学上提倡用肉类与蔬菜类食物混合煮汤，不但可以使食材鲜味相互交融，还能为人体提供多种氨基酸、矿物质和维生素，从而达到维护营养均衡的目的。

不宜喝 60℃以上的汤品

人的口腔、食道、胃肠道所能承受的最高温度为 60℃，一旦超过了这个界限，就会造成黏膜烫伤。尽管人体有自行修复的功能，但反复损伤也会使消化道黏膜恶变。据调查材料表明，喜欢吃烫食的人，食道癌的发病概率要高于常人。为了维护健康，将汤的养生作用发挥出来，最好待汤冷却到50℃以下时再饮用。

不宜喝隔日汤

为了避免浪费，很多人将剩下的汤留到第二天再加热饮用。煲好的汤超过 24 小时，维生素就会自动流失，剩下的就只有脂肪和胆固醇等，若再经加热，汤便会变质，长期饮用这类汤有损人体健康。

第二章

开胃消食汤

麦枣甘草萝卜汤

适合人群：男性

材 料 小麦 100 克，白萝卜 15 克，排骨 250 克，甘草 15 克，红枣 10 颗。

调 料 盐 2 小匙。

制作方法

① 小麦泡发洗净；排骨汆烫，洗净；白萝卜洗净、切块；红枣、甘草冲净。② 将所有材料盛入煮锅，加 8 碗水煮沸，转小火炖约 40 分钟，加盐即成。

当归炖猪心

适合人群：女性

材 料 鲜猪心 1 个，党参 20 克，当归 15 克。

调 料 葱段、姜片、盐、料酒各适量。

制作方法

① 猪心处理干净剖开；党参、当归洗净，一起放入猪心内，用竹签固定。

② 在猪心上撒上葱、姜、料酒，再将猪心放入锅中，隔水炖熟，去除药渣，再加盐调味即可。

姜归羊肉汤

适合人群：儿童

材 料 羊肉 500 克，当归 15 克。

调 料 姜 1 段，盐 1 小匙，米酒 30 克。

制作方法

① 羊肉放入沸水中汆烫，捞起，冲净。② 姜洗净，以刀背拍裂、切段。③ 将羊肉、姜、当归一道放入锅中，加水至盖过材料，以大火煮开，转小火续炖 40 分钟。④ 起锅前加盐、米酒调味即可食用。

党参生鱼汤

适合人群：男性

材　料 生鱼1条，泡发党参20克，胡萝卜50克。

调　料 料酒、酱油、姜片、葱段各10克，香菜30克，盐5克，高汤200克。

制作方法

❶党参洗净切段；胡萝卜洗净，切块。❷生鱼处理干净，切段，放入油中煎至两面金黄捞出。❸油锅烧热，爆香姜片、葱段，再下入生鱼、料酒、党参、胡萝卜及剩余调味料，烧煮至熟，起锅即成。

羊排红枣山药滋补煲

适合人群：孕产妇

材　料 羊排350克，山药175克，红枣4颗。

调　料 精盐少许。

制作方法

❶将羊排洗净、切块、汆水，山药去皮、洗净、切块，红枣洗净备用。

❷净锅上火倒入水，下入羊排、山药、红枣，调入精盐煲至熟即可。

咸菜肉丝蛋花汤

适合人群：男性

材　料 咸菜100克，猪瘦肉75克，胡萝卜30克，鸡蛋1个。

调　料 植物油10克，酱油少许。

制作方法

❶将咸菜、猪瘦肉洗净切丝，胡萝卜去皮洗净切丝，鸡蛋打入盛器搅匀备用。❷净锅上火倒入植物油，下入肉丝煸炒，再下入胡萝卜、咸菜稍炒，烹入酱油，倒入水煲至熟，淋入鸡蛋液即可。

榨菜肉丝汤

适合人群：男性

材 料 榨菜175克，水发粉丝30克，猪瘦肉75克。
调 料 植物油10克，葱、姜各2克，香菜段3克，香油5克。

制作方法

1 将榨菜洗净切丝，水发粉丝洗净切段，猪瘦肉洗净切丝备用。

2 净锅上火倒入植物油，将葱、姜爆香，下入肉丝煸炒，下入榨菜丝再稍炒，倒入水煲至熟，撒入香菜段，淋入香油即可。

酸菜丸子汤

适合人群：男性

材 料 酸菜丝200克，肉丸（袋装）75克。
调 料 高汤适量，精盐少许。

制作方法

1 将酸菜洗净切丝，肉丸取出备用。

2 净锅上火倒入高汤，下入酸菜丝、肉丸，调入精盐煲至熟即可。

椒香白玉汤

适合人群：女性

材 料 内酯豆腐1盒，猪肉30克，青、红山椒各5克。
调 料 清汤适量，精盐3克。

制作方法

1 将内酯豆腐切块，猪肉切末备用。

2 净锅上火倒入清汤，调入精盐，青、红山椒，下入肉末、内酯豆腐煲至熟即可。

芥菜鲜肉汤

材 料 芥菜 150 克，猪瘦肉 50 克。

调 料 色拉油 20 克，精盐 5 克，味精 3 克，酱油 2 克，辣椒油 8 克，葱、姜各 3 克，花椒油 4 克。

制作方法

① 将芥菜择洗净切段，猪肉洗净切片备用。② 净锅上火倒入色拉油，将葱、姜爆香，下入猪瘦肉煸炒煲至熟，烹入酱油，下入芥菜翻炒，倒入水，调入精盐、味精烧开，再调入辣椒油、花椒油即可。

菜心口条煲

材 料 猪口条 350 克，菜心 100 克，胡萝卜 50 克。

调 料 花生油 20 克，精盐少许，味精 3 克，姜 5 克，高汤适量。

制作方法

① 将猪口条洗净切成小块氽水备用。

② 菜心洗净切段，胡萝卜改滚刀块。

③ 锅上火倒入花生油，将姜爆香，下入菜心稍炒，倒入水，调入精盐、味精，加入猪口条、胡萝卜煲至熟即可。

酸菜腐竹猪肚汤

材 料 熟猪肚 200 克，酸白菜丝（袋装）75 克，水发腐竹 25 克。

调 料 高汤适量，精盐 6 克。

制作方法

① 将熟猪肚切成丝，酸白菜丝洗净，水发腐竹洗净切丝备用。

② 净锅上火倒入高汤，调入精盐，下入熟猪肚、酸白菜丝、水发腐竹至熟即可。

酸菜猪血肉汤

适合人群：男性

材 料 猪血 150 克，酸菜 75 克，猪肉 45 克。
调 料 色拉油 10 克，精盐 5 克，鸡精 2 克，葱、姜、蒜各 1 克。

制作方法

① 将猪血切块，酸菜切段，猪肉切丝备用。

② 汤锅上火倒入色拉油，将葱、姜、蒜炝香，下入猪肉煸炒，倒入水，下入猪血，调入精盐、鸡精，小火煲至熟即可。

黄金腊肉汤

适合人群：男性

材 料 腊肉 200 克，冬瓜 125 克，南瓜 50 克。
调 料 葱花 3 克。

制作方法

① 将腊肉洗净切块，冬瓜、南瓜去皮洗净均切块备用。

② 汤锅上火倒入水，下入腊肉、冬瓜、南瓜煲至熟，撒入葱花即可。

什锦牛丸汤

适合人群：男性

材 料 牛肉 300 克，胡萝卜 100 克，圣女果 80 克，木耳 20 克。
调 料 精盐、高汤适量，味精 3 克，淀粉 6 克。

制作方法

① 将牛肉洗净剁成肉馅，加淀粉搅匀；胡萝卜去皮、洗净切碎；圣女果洗净一分为二；木耳撕成小块备用。

② 炒锅上火倒入高汤，下入肉馅汆成丸子，再下入胡萝卜、圣女果、木耳，调入精盐、味精烧沸即可。

清炖参鸡汤

材　料 老鸡 200 克，胡萝卜 150 克，莲子 30 克。

调　料 精盐适量，味精 3 克，葱、姜各 6 克。

制作方法

① 将老鸡洗净，斩块汆水；胡萝卜去皮洗净切块，莲子洗净备用。

② 净锅上火，倒入油，将葱、姜炝香，倒入水，加入老鸡、胡萝卜、莲子，调入精盐、味精，煲至熟即可。

渔家鸡片汤

材　料 鸡胸肉 200 克，虾仁 100 克，蛤蜊肉 50 克，鱿鱼 50 克。

调　料 精盐少许，味精、葱各 3 克，香菜 2 克。

制作方法

① 将鸡胸肉洗净切片汆水，鱿鱼杀洗干净切丁，虾仁、蛤蜊肉洗净。

② 净锅上火倒入油，将葱炝香，倒入水，下入鸡片、虾仁、蛤蜊肉、鱿鱼，调入精盐、味精，煲至熟，撒入香菜即可。

西瓜翠衣煲

材　料 肉鸡 400 克，西瓜皮 200 克，鲜蘑菇 40 克。

调　料 花生油适量，精盐 6 克，味精 3 克，葱、姜各 4 克，胡椒粉 3 克。

制作方法

① 将肉鸡洗净剁成块汆水，西瓜皮洗净去除硬皮切块，鲜蘑菇洗净撕成条备用。② 净锅上火倒入花生油，将葱、姜爆香，下入鸡块煸炒，再下入西瓜皮、鲜蘑菇，同炒 2 分钟，调入精盐、味精、胡椒粉至熟即可。

橙子当归鸡煲

适合人群：儿童

材 料 橙子、南瓜各 100 克，肉鸡 175 克，当归 6 克。
调 料 精盐 3 克，白糖 3 克。

制作方法

❶ 将橙子、南瓜洗净切块，肉鸡斩块汆水，当归洗净备用。

❷ 煲锅上火倒入水，调入精盐、白糖，下入橙子、南瓜、肉鸡、当归煲至熟即可。

酸菜老鸭煲

适合人群：男性

材 料 潮州酸菜 175 克，老鸭肉 125 克。
调 料 精盐少许。

制作方法

❶ 将潮州酸菜洗净切段，老鸭肉洗净斩块汆水备用。

❷ 净锅上火倒入水，下入潮州酸菜、老鸭肉，调入精盐煲至熟即可。

松花蛋豆腐鱼尾汤

适合人群：男性

材 料 草鱼尾 200 克，松花蛋 2 个，豆腐 1 块。
调 料 清汤适量，精盐 6 克，香醋 5 克，姜末 3 克。

制作方法

❶ 将草鱼尾洗净斩块，松花蛋去皮洗净切丁，豆腐洗净切丁备用。

❷ 净锅上火倒入清汤，调入精盐，下入草鱼、豆腐、松花蛋煲至熟，调入香醋，撒入姜末即可。

第三章

提神健脑汤

天麻枸杞鱼头汤

适合人群：儿童

材 料 鲢鱼头1个，西蓝花150克，蘑菇3朵，天麻、当归、枸杞各10克。

调 料 盐2小匙。

制作方法

① 鱼头处理干净；西蓝花洗净，切小朵；蘑菇洗净，对切为两半。

② 将天麻、当归、枸杞以5碗水熬至剩4碗水左右，放入鱼头煮至将熟，将西蓝花、蘑菇加入煮熟，调入盐即成。

天麻鱼头汤

适合人群：老年人

材 料 鱼头1个，天麻15克，茯苓2片，枸杞10克。

调 料 葱段适量，米酒1汤匙，姜5片，盐3克。

制作方法

① 天麻、茯苓洗净，入锅加水5碗，熬成3碗汤。

② 鱼头用开水氽烫。

③ 将鱼头和姜片放入煮开的天麻、茯苓汤中，待鱼煮熟后放入枸杞、米酒、盐、葱段即可。

牛排骨汤

适合人群：男性

材 料 牛排骨200克，粉丝50克，人参1条，红枣6个。

调 料 盐3克，大葱2棵，胡椒粉2克。

制作方法

① 牛排骨洗净后切成段；粉丝泡发；大葱洗净，取葱白切末；人参、红枣洗净。② 锅中放水烧开，放入牛排、人参、红枣，用小火炖熟烂，再加入粉丝、葱末。③ 调入盐、胡椒粉，炖至入味即可。

天麻炖猪脑

适合人群：儿童

材　料 猪脑300克，天麻15克，葱2棵，姜1块，枸杞10克，红枣5克。

调　料 盐5克，味精2克，胡椒粉3克，高汤500克。

制作方法

① 猪脑洗净，去净血丝；葱择洗净，切段；姜去皮，洗净切片；天麻、红枣、枸杞洗净。② 锅中注水烧开，放入猪脑汆烫，捞出沥水。③ 高汤放入碗中，加入所有材料，再调入调味料，隔水炖2小时即可。

鱼头豆腐汤

适合人群：孕产妇

材　料 大头鱼鱼头200克，豆腐250克，鲜汤适量。

调　料 姜片、盐、胡椒粉、味精、香油各3克。

制作方法

① 鱼头洗净剁块；豆腐切成块。

② 锅加油烧热，下入鱼头煎黄，掺鲜汤，下姜片、盐、味精、胡椒粉、豆腐煮至入味。

③ 汤熬至乳白色时，起锅装碗，淋入少许香油即成。

橘皮鱼片豆腐汤

适合人群：女性

材　料 鲑鱼300克，橘皮10克，豆腐50克。

调　料 盐5克。

制作方法

① 橘皮刮去部分内面白瓤，洗净切成细丝。

② 鲑鱼洗净，去皮，切片；豆腐切小块。

③ 将1200毫升清水注入锅中煮开，下豆腐、鱼片，转小火煮约2分钟，待鱼肉熟透，加盐调味，撒上橘皮丝即可。

红枣核桃乌鸡汤

适合人群：男性

材 料 乌鸡 250 克，红枣 8 颗，核桃 5 克。
调 料 精盐 3 克，姜片 5 克。

制作方法

① 将乌鸡杀洗净斩块汆水，红枣、核桃洗净备用。

② 净锅上火倒入水，调入精盐、姜片，下入乌鸡、红枣、核桃煲至熟即可。

双圆猪蹄煲

适合人群：儿童

材 料 猪蹄 1 个，板栗肉、桂圆肉各 10 粒。
调 料 精盐少许。

制作方法

① 将猪蹄洗净、切块、汆水，板栗肉、桂圆肉洗净备用。

② 净锅上火，倒入水，调入精盐，下入猪蹄、板栗肉、桂圆肉煲制 100 分钟即可。

菜叶猪肺汤

适合人群：儿童

材 料 熟猪肺 250 克，白菜叶 45 克，杏仁（袋装）25 克。
调 料 精盐 6 克。

制作方法

① 将熟猪肺切片，白菜叶洗净撕成小片，杏仁洗净备用。

② 净锅上火倒入水，调入精盐，下入熟猪肺、白菜叶、杏仁煲至熟即可。

猪头肉煲洋葱

适合人群：男性

材 料 熟猪头肉 175 克，茭白 75 克，洋葱 45 克，水发木耳 5 克。
调 料 酱油少许。

制作方法

① 将熟猪头肉、茭白、洋葱洗净均切方块，水发木耳洗净撕成小朵备用。

② 净锅上火倒入水，调入酱油，下入熟猪头肉、茭白、洋葱、水发木耳，煲至熟即可。

牛肉煲冬瓜

适合人群：儿童

材 料 熟牛肉 200 克，冬瓜 100 克。
调 料 色拉油 25 克，精盐少许，味精、酱油、葱、姜各 3 克，香菜 2 克。

制作方法

① 将熟牛肉切块，冬瓜去皮、子洗净切成滚刀块备用。

② 炒锅上火，倒入色拉油，将葱、姜炝香，倒入水，调入精盐、味精、酱油，放入熟牛肉、冬瓜煲至熟，撒入香菜即可。

麦片牛肚汤

适合人群：儿童

材 料 牛肚 350 克，麦片 100 克。
调 料 色拉油 20 克，精盐适量，味精 2 克，香菜、葱、姜各 3 克。

制作方法

① 将牛肚洗净、切片，麦片洗净备用。

② 炒锅上火倒入水，下入牛肚氽水，捞起冲净备用。

③ 净锅上火倒入色拉油，将葱、姜炝香，倒入水，调入精盐、味精，加入牛肚、麦片煲至熟，撒入香菜即可。

金针鸡块煲

适合人群：儿童

材 料 鸡腿肉 250 克，金针菇 125 克，香菇 5 颗。

调 料 精盐少许，葱、姜片各 2 克。

制作方法

① 将鸡腿肉洗净斩块氽水，金针菇洗净，香菇洗净切块备用。

② 净锅上火倒入水，将葱、姜片炝香，下入鸡块、金针菇、香菇，调入精盐煲至熟即可。

杜仲鸡腿汤

适合人群：儿童

材 料 鸡腿肉 250 克，杜仲 15 克。

调 料 精盐 4 克，姜片 2 克。

制作方法

① 将鸡腿洗净斩块氽水，杜仲洗净备用。

② 净锅上火倒入水，调入精盐、姜片，下入鸡块、杜仲煲至熟即可。

红豆鸡爪汤

适合人群：儿童

材 料 鸡爪 450 克，龙骨、猪瘦肉各 200 克，花生米 100 克，红豆 50 克。

调 料 味精 2 克，盐 3 克，姜片适量。

制作方法

① 将鸡爪洗净，去爪尖，横刀一切为二；龙骨、猪瘦肉洗净切块。

② 鸡爪、龙骨和猪瘦肉沸水中氽透，捞出沥水。③ 将备好的材料同放入煲中，加适量清水，大火烧开后转小火慢煲 3 小时，再调味即可。

鸭血豆腐羹

适合人群：儿童

材 料 鸭血1盒，豆腐150克，蛋黄1个。

调 料 精盐少许，胡椒粉2克，花生油适量，葱花3克。

制作方法

① 将鸭血、豆腐均切小丁备用。

② 锅上火倒入花生油，将葱花炝香，倒入水，调入精盐、胡椒粉，下入鸭血、豆腐，打入蛋黄煲至熟即可。

天麻乳鸽煲

适合人群：男性

材 料 乳鸽400克，天麻100克，绿豆适量。

调 料 精盐5克，味精2克，香油4克，胡椒粉3克，高汤适量。

制作方法

① 将乳鸽洗净斩块，汆水待用；天麻洗净切片，绿豆泡透洗净。

② 净锅上火倒入高汤，下入乳鸽、天麻、绿豆，调入精盐、味精、胡椒粉煲至入味，淋入香油即可。

鸽子银杏煲

适合人群：孕产妇

材 料 鸽子450克，银杏12颗。

调 料 精盐适量。

制作方法

① 将鸽子杀洗净斩块，入沸水汆烫至没有血色，洗净；银杏洗净备用。

② 净锅上火倒入水，下入鸽子、银杏，调入精盐煲至熟即可。

鹌鹑红枣煲

适合人群：儿童

材 料 鹌鹑400克，红枣10克。

调 料 清汤适量，精盐6克，甘草3克。

制作方法

① 将鹌鹑洗净斩块汆水，红枣洗净备用。

② 净锅上火倒入清汤，调入精盐，下入鹌鹑、红枣煲至熟即可。

芥菜瘦肉皮蛋汤

适合人群：老年人

材 料 芥菜丝（袋装）200克，猪瘦肉120克，松花蛋1个。

调 料 花生油20克，精盐4克，葱、姜末各3克，香油5克。

制作方法

① 将芥菜丝洗净，猪瘦肉洗净切丝，松花蛋去皮洗净切丁备用。

② 净锅上火倒入花生油，将葱、姜末爆香，下入猪肉煸炒，倒入水，下入芥菜丝、松花蛋煲至熟，淋入香油即可。

黄花菜煲鱼块

适合人群：儿童

材 料 草鱼300克，水发黄花菜50克。

调 料 精盐5克。

制作方法

① 将草鱼洗净斩块，水发黄花菜洗净备用。

② 净锅上火倒入水，调入精盐，下入鱼块、水发黄花菜煲至熟即可。

虾丸薏米猪肉汤

适合人群：女性

材 料 虾丸（袋装）200 克，猪瘦肉 30 克，薏米 20 克。
调 料 精盐 5 克，葱花少许。

制作方法

① 虾丸取出，猪瘦肉洗净切方丁，薏米淘洗净备用。

② 净锅上火倒入水，调入精盐，下入虾丸、猪瘦肉、薏米煲至熟撒上葱花即可。

清汤北极贝

适合人群：儿童

材 料 北极贝 100 克。
调 料 高汤适量，精盐少许，生姜 15 克。

制作方法

① 将北极贝洗净；生姜去皮洗净，切丝备用。

② 净锅上火倒入高汤，下入北极贝、生姜，调入精盐，煲至沸即可。

姜丝鲈鱼汤

适合人群：儿童

材 料 鲈鱼 600 克，姜 10 克。
调 料 盐适量。

制作方法

① 鲈鱼洗净，切成 3 段；姜洗净，切丝。

② 锅中加水 1200 毫升煮沸，将鱼块、姜丝放入煮沸，转中火煮 3 分钟，待鱼肉熟嫩，加盐调味即可。

海鲜豆腐汤

适合人群：儿童

材 料 鱿鱼、虾仁各75克，豆腐125克，鸡蛋1个。
调 料 盐少许，香菜段3克。

制作方法

①鱿鱼、虾仁洗净；豆腐洗净切条；鸡蛋搅匀。

②净锅上火倒入水，下入鱿鱼、虾仁、豆腐烧开至熟，淋入鸡蛋液再煮一会儿，调入盐，撒入香菜即可。

天麻党参炖鱼头

适合人群：儿童

材 料 天麻5克，党参5克，鱼头1个。
调 料 盐适量。

制作方法

①将鱼头洗净，去掉鱼鳃，切成大块。

②天麻、党参、鱼头同时放入炖锅，加水炖煮至熟，调入盐即可。

枸杞黄芪鱼块汤

适合人群：儿童

材 料 鱼块300克，枸杞8克，黄芪3克。
调 料 盐6克，姜片2克。

制作方法

①将鱼块洗净斩块，枸杞、黄芪用温水洗净备用。

②净锅上火倒入水，调入精盐、姜片，下入鱼块、枸杞、黄芪煲至熟即可。

第四章

保肝护肾汤

莲子芡实瘦肉汤

适合人群：男性

材 料 瘦肉350克，莲子、芡实各少许。
调 料 盐5克。

制作方法

① 肉洗净，切件；莲子洗净，去心；芡实洗净。
② 瘦肉汆水后洗净备用。
③ 将瘦肉、莲子、芡实放入炖盅，加适量水，锅置火上，将炖盅放入隔水炖1.5小时，调入盐即可。

海马干贝猪肉汤

适合人群：男性

材 料 瘦肉300克，海马、干贝、百合、枸杞各适量。
调 料 盐5克。

制作方法

① 瘦肉洗净，切块，汆水；海马洗净，浸泡；干贝洗净，切段；百合洗净；枸杞洗净，浸泡。
② 将瘦肉、海马、干贝、百合、枸杞放入沸水锅中慢炖2小时。
③ 调入盐调味，出锅即可。

虫草花党参猪肉汤

适合人群：男性

材 料 瘦肉300克，虫草花、党参、枸杞各少许。
调 料 盐、鸡精各3克。

制作方法

① 瘦肉洗净，切件、汆水；虫草花、党参、枸杞洗净，用水浸泡。
② 锅中注水烧沸，放入瘦肉、虫草、党参、枸杞慢炖。③ 2小时后调入盐和鸡精调味，起锅装入炖盅即可。

鸡骨草排骨汤

适合人群：男性

材　料 排骨250克，生姜20克，鸡骨草10克。
调　料 盐4克，鸡精3克。

制作方法

①排骨洗净，切块；鸡骨草洗净，切段，绑成节，浸泡；生姜洗净，切片。

②锅中注水烧沸，放入排骨、鸡骨草、生姜慢炖。

青胡萝卜芡实猪排骨汤

适合人群：男性

材　料 排骨300克，青、胡萝卜各150克，芡实100克。
调　料 盐3克。

制作方法

①青、胡萝卜洗净，切大块；芡实洗净，浸泡10分钟。

②排骨洗净，斩块，氽水。

③将排骨、芡实和青、胡萝卜放入炖盅内，以大火烧开，改小火煲煮2.5小时，加盐调味即可。

二冬生地炖龙骨

适合人群：老年人

材　料 猪脊骨250克，天冬、麦冬各10克，熟地、生地各15克，人参5克。
调　料 盐、味精各适量。

制作方法

①天冬、麦冬、熟地、生地、人参洗净。②猪脊骨下入沸水中氽去血水，捞出沥干备用。③把猪脊骨、天冬、麦冬、熟地、生地、人参放入炖盅内，加适量开水，盖好，隔滚水用小火炖约3小时，调入盐和味精即可。

党参马蹄猪腰汤

适合人群：老年人

材 料 猪腰200克，马蹄150克，党参100克。
调 料 盐6克，料酒适量。

制作方法

❶猪腰洗净，剖开，切去白色筋膜，切片，用适量酒、油、盐拌匀。❷马蹄洗净去皮；党参洗净切段。❸马蹄、党参放入锅内，加适量清水，大火煮开后改小火煮30分钟，加入猪腰再煲10分钟，以盐调味供用。

二参猪腰汤

适合人群：男性

材 料 猪腰1个，沙参、枸杞、党参各10克。
调 料 盐6克，味精4克，姜片5克。

制作方法

❶猪腰洗净切片，入沸水焯熟；枸杞泡发洗净；沙参、党参润透，切小段。❷再将猪腰、沙参、党参、枸杞、姜装入炖盅内，加适量水，入锅中炖半个小时至熟，调入盐、味精即可。

党参枸杞猪肝汤

适合人群：男性

材 料 猪肝200克，党参8克，枸杞2克。
调 料 盐6克。

制作方法

❶将猪肝洗净切片，汆水；党参、枸杞用温水洗净备用。
❷净锅上火倒入水，下入猪肝、党参、枸杞煲至熟，调入盐调味即可。

灵芝炖猪尾

适合人群：男性

材 料 灵芝5克，猪尾1条，鸡肉200克，猪瘦肉50克，鸡汤1000毫升。
调 料 生姜、料酒、白糖、盐各适量。

制作方法

① 猪尾洗净砍成段；猪瘦肉、鸡肉均洗净，切块；灵芝洗净切丝。
② 猪尾段、猪肉、鸡肉块下入锅中氽去血水。③ 将鸡汤倒入锅内，煮沸后加入猪尾、生姜、料酒、瘦肉、鸡肉块、灵芝煮熟，加入白糖、盐调味即可。

杜仲巴戟猪尾汤

适合人群：男性

材 料 猪尾、巴戟、杜仲、红枣各适量。
调 料 盐3克。

制作方法

① 猪尾洗净，斩件；巴戟、杜仲均洗净，浸水片刻；红枣去蒂洗净。
② 净锅入水烧开，下入猪尾氽透，捞出洗净。
③ 将泡发巴戟、杜仲的水倒入瓦煲，再注入适量清水，大火烧开，放入猪尾、巴戟、杜仲、红枣改小火煲3小时，加盐调味即可。

枸杞山药香菜牛肉汤

适合人群：男性

材 料 山药200克，牛肉125克，枸杞5克。
调 料 盐6克，香菜末3克。

制作方法

① 将山药去皮，洗净切块；牛肉洗净，切块氽水；枸杞洗净备用。
② 净锅上火倒入水，下入山药、牛肉、枸杞煲至熟，调入盐调味，最后撒入香菜末即可。

参芪炖牛肉

适合人群：男性

材 料 牛肉250克，党参、黄芪各20克，升麻5克。
调 料 姜片、黄酒各适量，盐3克，味精适量。

制作方法

①牛肉洗净切块；党参、黄芪、升麻分别洗净，同放于纱布袋中，扎紧袋口。

②药袋与牛肉同放入砂锅中，注入清水烧开，加入姜片和黄酒炖至酥烂，捡出药袋，下盐、味精调味即可。

牛筋汤

适合人群：男性

材 料 牛肉、牛筋各150克，玉竹、沙参、红枣、枸杞各适量。
调 料 盐少许，姜2片。

制作方法

①牛肉洗净，切块；牛筋洗净，切段；玉竹、沙参、红枣均洗净；枸杞泡发洗净。②锅置火上，倒入适量清水，放入牛肉、牛筋，煮沸后撇去浮沫。③加入玉竹、沙参、红枣、枸杞、姜片煲至熟，调入盐即可。

鹿茸川芎羊肉汤

适合人群：老年人

材 料 羊肉90克，鹿茸9克，川芎12克，锁阳15克，红枣少许。
调 料 盐、味精各适量。

制作方法

①将羊肉洗净，切小块。

②川芎、锁阳、红枣洗净。

③将羊肉、鹿茸、川芎、锁阳、红枣放入煲内，加适量清水，大火煮沸后转小火煮2小时，用盐和味精调味即可。

巴戟黑豆汤

适合人群：男性

材 料 巴戟天、胡椒各15克，黑豆100克，鸡腿150克。
调 料 盐5克。

制作方法

①将鸡腿剁块，放入沸水中汆烫，捞起冲净；巴戟天、胡椒洗净。

②将黑豆淘净，和鸡腿、巴戟天、胡椒粒一道盛入锅中，加水盖过材料。

③以大火煮开，转小火续炖40分钟，加盐调味即可。

黑豆牛蒡炖鸡汤

适合人群：老年人

材 料 黑豆、牛蒡各150克，鸡腿1只。
调 料 盐5克，姜片15克。

制作方法

①黑豆淘净，以清水浸泡30分钟。②牛蒡削皮，洗净切块。

③鸡腿剁块，入开水中汆烫后捞出备用。④黑豆、牛蒡、姜片先下锅，加6碗水煮沸，转小火炖15分钟，再下入鸡肉续炖30分钟。⑤待肉熟豆烂，加盐调味。

灵芝山药杜仲汤

适合人群：男性

材 料 香菇2朵，鸡腿1只，灵芝3片，杜仲5克，红枣6个，丹参、山药各10克。
调 料 盐适量。

制作方法

①鸡腿洗净，入开水中汆烫。②香菇泡发洗净；山药去皮，洗净切块；灵芝、杜仲、丹参均洗净浮尘，红枣去核洗净。③炖锅放入八分满的水烧开，将所有材料入煮锅煮沸，转小火炖约1小时即可。

何首乌黑豆煲鸡爪

适合人群：男性

材　料 鸡爪 8 只，猪瘦肉 100 克，黑豆 20 克，泡发红枣 5 颗，泡发何首乌 10 克。

调　料 盐 3 克。

制作方法

①鸡爪斩去趾甲洗净；猪瘦肉洗净，汆烫去腥，沥水。

②黑豆洗净放锅中炒至豆壳裂开。

③全部用料放入煲内加适量清水煲 3 小时，下盐调味即可。

茯苓鸽子煲

适合人群：孕产妇

材　料 鸽子 300 克，茯苓 10 克。

调　料 盐 4 克，姜片 2 克。

制作方法

①将鸽子宰杀净，斩成块汆水；茯苓洗净备用。

②净锅上火倒入水，放入姜片，下入鸽子、茯苓煲至熟，调入盐调味即可。

灵芝核桃乳鸽汤

适合人群：男性

材　料 党参 20 克，核桃仁 80 克，灵芝 40 克，乳鸽 1 只，蜜枣 6 颗。

调　料 盐适量。

制作方法

①将核桃仁、党参、灵芝、蜜枣分别用水洗净。

②将乳鸽处理干净，斩件。

③锅中加水，以大火烧开，放入党参、核桃仁、灵芝、乳鸽和蜜枣，改用小火续煲 3 小时，加盐调味即可。

海底椰贝杏鹌鹑汤

适合人群：男性

材 料 鹌鹑1只，川贝、杏仁、蜜枣、枸杞、海底椰各适量。
调 料 盐3克。

制作方法

① 鹌鹑处理干净；川贝、杏仁均洗净；蜜枣、枸杞均洗净泡发；海底椰洗净，切薄片。② 锅注水烧开，下入鹌鹑煮尽血水，捞起洗净。③ 瓦煲注适量水，放入全部材料，大火烧开，改小火煲3小时，加盐调味即可。

杜仲鹌鹑汤

适合人群：孕产妇

材 料 鹌鹑1只，杜仲50克，山药100克，枸杞25克，红枣6颗。
调 料 生姜5片，盐4克，味精3克。

制作方法

① 鹌鹑洗净，去内脏，剁成块。
② 杜仲、枸杞、山药、红枣洗净。
③ 把全部材料和生姜放入锅内，加清水适量，大火煮沸后改小火煲3小时，加盐和味精调味即可。

菟杞红枣炖鹌鹑

适合人群：男性

材 料 鹌鹑2只，菟丝子、枸杞各10克，红枣7颗。
调 料 绍酒2茶匙，盐、味精各适量。

制作方法

① 鹌鹑洗净，斩件，汆水去其血污。② 菟丝子、枸杞、红枣用温水浸透。③ 将以上用料连同1碗半沸水倒进炖盅，加入绍酒，盖上盅盖，隔水先用大火炖30分钟，后用小火炖1小时，用盐、味精调味即可。

老龟汤

材 料 老龟1只，党参30克，红枣20克，排骨100克，天麻50克。
调 料 盐5克，味精3克。

制作方法

❶ 老龟宰杀洗净；排骨砍小段洗净；红枣、党参、天麻洗净。

❷ 将以上所有材料装入煲内，加入适量水，以小火煲3小时。

❸ 加入盐、味精调味即可。

萝卜牛尾汤

材 料 牛尾250克，白萝卜150克，煮鸡蛋50克，葱2棵。
调 料 盐5克，胡椒粉3克。

制作方法

❶ 白萝卜洗净切块；鸡蛋去壳；葱洗净，取葱白切段；牛尾洗净切小段。❷ 牛尾放入锅中，加入清水适量煮沸，用小火炖至熟透，再加入白萝卜、煮鸡蛋、葱白。❸ 调入盐、胡椒粉，稍煮至入味即可离火。

山药猪胰汤

材 料 猪胰200克，山药100克，红枣10颗，生姜10克，葱15克。
调 料 盐6克，味精3克。

制作方法

❶ 猪胰洗净切块；山药洗净，去皮切块；红枣洗净去核；生姜洗净切片；葱择洗净切段。❷ 锅上火，注适量水烧开，放入猪胰稍煮片刻，捞起沥水。❸ 将猪胰、山药、红枣、姜片、葱段放入瓦煲内，加水煲2小时，调入盐、味精拌匀即可。

白汤杂碎

适合人群：男性

材 料 猪肚、猪肝、猪肠、猪肺各100克，香菜少许。
调 料 盐1克，味精1克，醋5克。

制作方法

① 猪肚、猪肝、猪肠、猪肺洗净，均用热水汆过后捞起备用；香菜洗净。② 锅置火上，注水，放入猪肚、猪肝、猪肠、猪肺煮至熟，下醋、盐煮入味。③ 再加入味精，撒上香菜即可。

香菇甲鱼汤

适合人群：男性

材 料 甲鱼500克，香菇、腊肉、豆腐皮、上海青各适量。
调 料 盐、鸡精、姜各适量。

制作方法

① 甲鱼处理干净；姜洗净，去皮切片。② 锅中注水烧开，放入甲鱼焯去血水，捞出放入瓦煲中，加入姜片，加适量清水煲开。③ 继续煲至甲鱼熟烂，放入香菇、腊肉、豆腐皮、上海青煮熟，放入盐、鸡精调味即可。

洞庭红煨甲鱼

适合人群：男性

材 料 甲鱼600克。
调 料 盐3克，味精1克，醋8克，酱油20克，料酒15克，青椒、红椒各少许。

制作方法

① 甲鱼洗净，切块；青椒、红椒洗净，切圈。② 锅内注油烧热，放入甲鱼稍翻炒后，注水焖煮40分钟。③ 放入青椒、红椒，再加入盐、醋、酱油、料酒、味精调味，起锅装碗即可。

节瓜瘦肉汤

适合人群：男性

材料 猪瘦肉 300 克，节瓜 100 克，莲子肉 50 克。

调料 色拉油 30 克，精盐适量，味精、香菜各 3 克，葱、姜各 4 克。

制作方法

① 将猪瘦肉洗净、切片，节瓜去皮、洗净、切片，莲子肉洗净备用。

② 炒锅上火倒入水，猪瘦肉汆水后捞起冲净备用。③ 净锅上火倒入色拉油，将葱、姜爆香，倒入水，调入精盐、味精，放入猪瘦肉、节瓜、莲子肉，小火煲至熟，撒入香菜即可。

灵芝肉片汤

适合人群：老年人

材料 猪瘦肉 150 克，党参 10 克，灵芝 12 克。

调料 色拉油 45 克，精盐 6 克，味精、香油各 3 克，葱、姜片各 5 克。

制作方法

① 将猪瘦肉洗净、切片，党参、灵芝用温水略泡备用。② 净锅上火倒入色拉油，将葱、姜片爆香，下入肉片煸炒，倒入水烧开，下入党参、灵芝，调入精盐、味精煲至熟，淋入香油即可。

油菜枸杞肉汤

适合人群：男性

材料 猪瘦肉 200 克，嫩油菜 100 克，枸杞 10 粒。

调料 高汤适量，精盐 3 克，胡椒粉 5 克，香油 4 克。

制作方法

① 将猪瘦肉洗净、切片，嫩油菜洗净，枸杞用温水浸泡备用。

② 汤锅上火倒入高汤，下入猪瘦肉烧开，打去浮沫，下入油菜、枸杞，调入精盐、胡椒粉至熟，淋入香油即可。

猪肉牡蛎海带干贝汤

适合人群：男性

材　料 海带结 150 克，牡蛎肉 75 克，猪肉 50 克，干贝 20 克。
调　料 精盐少许。

制作方法

① 将海带结洗净，牡蛎肉洗净，猪肉洗净切块，干贝洗净浸泡备用。
② 汤锅上火倒入水，下入海带结、牡蛎肉、猪肉、干贝，调入精盐煲至熟即可。

枸杞猪心汤

适合人群：男性

材　料 猪心 210 克，枸杞 10 克。
调　料 精盐 6 克，姜片 4 克。

制作方法

① 将猪心洗净、切片、氽水，枸杞洗净备用。
② 净锅上火倒入水，调入精盐、姜片，下入猪心、枸杞煲至熟即可。

苦瓜肝尖汤

适合人群：男性

材　料 猪肝尖 200 克，苦瓜 50 克，枸杞 10 克。
调　料 精盐适量。

制作方法

① 将猪肝尖洗净切片焯水，苦瓜洗净去子切片，枸杞洗净备用。
② 净锅上火倒入水，下入猪肝尖、苦瓜、枸杞煲至熟即可。

上汤肠有福

适合人群：男性

材 料 熟大肠250克，豆腐100克，油菜30克。
调 料 色拉油30克，高汤、精盐适量，味精3克，胡椒粉3克，葱2克。

制作方法

① 将熟大肠切段，豆腐切小块，油菜洗干净备用。
② 锅上火倒入色拉油，葱煸香，倒入高汤，下入大肠、豆腐、油菜，调入精盐、味精、胡椒粉煲至熟即可。

猪肠花生汤

适合人群：男性

材 料 猪肠200克，花生米75克，西蓝花35克。
调 料 精盐5克，酱油少许。

制作方法

① 将猪肠洗净切块焯水，花生米泡开洗净，西蓝花洗净掰成小朵备用。
② 汤锅上火倒入水，下入猪肠、花生米、西蓝花，调入精盐、酱油煲至熟即可。

莲藕豆香牛肉汤

适合人群：男性

材 料 牛肉300克，莲藕125克，海带、白菜叶各40克，黄豆10克。
调 料 精盐6克，葱、姜各4克。

制作方法

① 将牛肉洗净、切块，莲藕去皮、洗净、切块，海带洗净、切块，白菜洗净，黄豆洗净浸泡备用。
② 汤锅上火倒入水，下入牛肉、莲藕、海带、白菜叶、黄豆，调入精盐、葱、姜煲至熟即可。

第五章

养心润肺汤

参片莲子汤

适合人群：孕产妇

材　料 人参片 10 克，红枣 10 克，莲子 40 克。
调　料 冰糖 10 克。

制作方法

① 红枣泡发洗净；莲子泡发洗净。

② 莲子、红枣、人参片放入炖盅，加水至盖满材料，移入蒸笼，转中火蒸煮 1 小时。

③ 随后，加入冰糖续蒸 20 分钟，取出即可食用。

灵芝红枣瘦肉汤

适合人群：孕产妇

材　料 猪瘦肉 300 克，灵芝 4 克，红枣适量。
调　料 盐 6 克。

制作方法

① 将猪瘦肉洗净、切片；灵芝、红枣洗净备用。② 净锅上火倒入水，下入猪瘦肉烧开，打去浮沫，下入灵芝、红枣煲至熟，调入盐即可。

海马龙骨汤

适合人群：女性

材　料 龙骨 220 克，胡萝卜 50 克，海马 2 只。
调　料 味精 0.5 克，鸡精 0.5 克，盐 1 克。

制作方法

① 龙骨洗净，斩块，汆烫后沥干；胡萝卜洗净，切成小方块；海马洗净。② 将龙骨、胡萝卜、海马放入汤煲中，放入适量水，盖过材料即可，用小火煲熟。③ 放入味精、鸡精、盐调味即可。

菖蒲猪心汤

适合人群：男性

材 料 猪心 1 只，石菖蒲、枸杞各 15 克，远志 5 克，当归 1 片，丹参 10 克，红枣 6 个。

调 料 盐、葱花各适量。

制作方法

1. 猪心洗净，氽水，去血块，煮熟，捞出切片。
2. 将药材、枸杞、红枣置入锅中加水熬汤。
3. 将切好的猪心放入已熬好的汤中煮沸，加盐、葱花即可。

桂参红枣猪心汤

适合人群：女性

材 料 桂枝 5 克，党参 10 克，红枣 6 颗，猪心半个。

调 料 盐 1 小匙。

制作方法

1. 猪心入沸水中氽烫，捞出，冲洗切片；桂枝、党参、红枣洗净，盛入锅中，加 3 碗水以大火煮开，转小火续煮 30 分钟。
2. 再转中火让汤汁沸腾，放入猪心片，待水再开，加盐调味即可。

杏仁白菜猪肺汤

适合人群：男性

材 料 猪肺 750 克，白菜、杏仁、黑枣各适量。

调 料 姜 2 片，盐 5 克。

制作方法

1. 杏仁洗净，用温水浸泡，去皮、尖；黑枣、白菜洗净。2. 猪肺注水、挤压，反复多次，直到血水去尽，猪肺变白，切块，氽水，锅放姜，将猪肺爆炒 5 分钟左右。3. 将清水 2000 毫升放入瓦煲内，再放入备好的所有材料，大火煲开后改用小火煲 3 小时，加盐调味即可。

龟板杜仲猪尾汤

适合人群：女性

材料 龟板25克，炒杜仲30克，猪尾600克。
调料 盐6克。

制作方法

❶将猪尾剁段洗净，入沸水汆烫后捞出冲净。❷将龟板、炒杜仲洗净。❸将龟板、杜仲、猪尾放入锅中，加6碗水以大火煮开，转小火炖40分钟，加盐调味即成

黄芪牛肉蔬菜汤

适合人群：老年人

材料 牛肉、西红柿、西蓝花、土豆块各适量。
调料 盐2小匙，黄芪少许。

制作方法

❶牛肉切大块，入沸水汆烫，洗净；西红柿洗净、切块；西蓝花切小朵，洗净。❷黄芪和所有材料放入锅中，注入适量水。❸以大火煮开后转用小火续煮30分钟，然后再加入各种调味料即可。

滋补鸡汤

适合人群：老年人

材料 熟地、党参、黄芪各15克，当归、桂枝、枸杞各10克，川芎、白术、茯苓、甘草各5克，红枣6个，鸡腿2只。

制作方法

❶鸡腿剁块、洗净，汆烫捞起洗净。
❷将所有材料洗净，盛入炖锅，加入鸡块，加水至盖过材料，以大火煮开，转小火慢炖50分钟。

茯苓糙米鸡

材 料 鸡半只，茯苓2片，山药10克，松子1汤匙，红枣5个，糙米半碗。

调 料 葱花3克，盐适量。

制作方法

① 鸡处理干净，汆烫去血水，其他材料洗净。

② 烧开一小锅水，再放入所有材料，大火煮5分钟后以小火慢炖约30分钟，食用前撒入葱花，调入盐即可。

冬瓜薏米鸭

材 料 鸭肉500克，冬瓜、薏米、枸杞各适量。

调 料 盐、蒜末、米酒、高汤各适量。

制作方法

① 鸭肉、冬瓜分别洗净切块；薏米、枸杞分别洗净泡发。

② 炒锅倒油烧热，将蒜、盐和鸭肉一起翻炒，再放入米酒和高汤。待煮开后放入薏米、枸杞，用大火煮1小时，再放入冬瓜，煮开后转小火续煮至熟后食用。

红枣炖甲鱼

材 料 甲鱼1只，冬虫夏草10枚，红枣10颗。

调 料 料酒、盐、葱花、姜片、蒜瓣、鸡汤各适量。

制作方法

① 甲鱼处理干净切块，放入砂锅中，煮沸后捞出；冬虫夏草洗净；红枣用开水浸泡。

② 锅中放入甲鱼、冬虫夏草、红枣，然后加入料酒、盐、葱、姜、蒜、鸡汤炖2小时左右即可。

清炖南瓜汤

适合人群：女性

材 料 南瓜 300 克。

调 料 盐 3 克，葱 10 克，姜 10 克。

制作方法

1. 将南瓜去皮、去瓤，切成厚块；葱洗净切圈；姜洗净切片。
2. 锅上火，加油烧热，下入姜、葱炒香。
3. 再下入南瓜，加入适量清水炖 10 分钟，调入盐即可。

丝瓜豆腐汤

适合人群：孕产妇

材 料 鲜丝瓜 150 克，嫩豆腐 200 克。

调 料 姜 10 克，葱 15 克，盐 5 克，味精 2 克。

制作方法

1. 丝瓜削皮，洗净切片；豆腐切小块；姜洗净切丝；葱洗净切末。
2. 锅中油烧热，投入姜丝、葱末煸香，加适量水，下豆腐块和丝瓜片，大火烧沸。3. 待熟后，调入盐、味精即成。

萝卜汤

适合人群：老年人

材 料 白萝卜 60 克。

调 料 香菜段少许，高汤少许，盐少许。

制作方法

1. 白萝卜洗净，去皮，切丁。
2. 将水、高汤、白萝卜丁放入锅中，开中火，待水滚后以盐调味，并放入少许香菜即可食用。

瘦肉丝瓜汤

适合人群：女性

材 料 瘦肉 50 克，丝瓜 200 克。
调 料 鸡汤 500 克，盐、葱末、姜丝各适量。

制作方法

①丝瓜去皮洗净，切菱形片。

②将瘦肉洗净，切成丝，放入沸水中略烫，捞起备用。

③锅中入鸡汤烧沸，放入肉丝、丝瓜、葱末、姜丝，用小火煮至所有食材熟软，加盐即可。

银耳莲子排骨汤

适合人群：女性

材 料 排骨 350 克，莲子 100 克，银耳 50 克。
调 料 盐 3 克，味精 2 克。

制作方法

①将排骨洗净，砍成小块；莲子泡发，去除莲心；银耳泡发，摘成小朵。

②瓦罐中加入适量清水，下入排骨、莲子、银耳，煲至银耳黏稠、汤浓厚时，加盐、味精调味即可。

西红柿百合鸡蛋汤

适合人群：孕产妇

材 料 西红柿 50 克，鸡蛋 100 克，百合、银耳各适量。
调 料 盐 3 克。

制作方法

①西红柿洗净，切成瓣；鸡蛋打散；百合洗净；银耳泡发，撕成小片。

②锅内注入植物油烧热，注水煮沸，放入银耳、百合煮 20 分钟，加入西红柿、鸡蛋。

③待熟后再加入盐调味即可。

杏仁苹果生鱼汤

适合人群：老年人

材料 杏仁25克，苹果450克，生鱼500克，猪瘦肉150克，红枣5克。
调料 姜2片，盐5克。

制作方法

❶ 生鱼处理干净，入油锅中煎至金黄色备用；猪肉洗净，切成方块。❷ 杏仁用温水浸泡，去皮、尖；苹果去皮，洗净切成4块。❸ 水锅煮沸后加入所有原材料和姜，煲熟后加盐调味即可。

白菜猪肺汤

适合人群：女性

材料 白菜200克、熟猪肺100克，杏仁20克。
调料 花生油30克，精盐6克，味精2克，胡椒粉5克，葱花3克。

制作方法

❶ 将白菜洗净撕成块，熟猪肺切片，杏仁洗净备用。

❷ 净锅上火倒入花生油，将葱花炝香，下入白菜略炒，倒入水，调入精盐、味精、胡椒粉，下入熟猪肺、杏仁煲至熟即可。

雪梨山楂甜汤

适合人群：儿童

材料 雪梨半个，山楂卷25克。
调料 冰糖6克。

制作方法

❶ 将雪梨洗净去皮、核，切丁，山楂卷切片备用。

❷ 净锅上火倒入水，下入雪花梨、山楂卷烧开，调入冰糖煲至熟即可。

第六章

降糖汤

清心莲子牛蛙汤

适合人群：老年人

材 料 牛蛙3只，莲子150克，人参、黄芪、茯苓、柴胡各10克，麦冬、车前子、甘草各5克。

调 料 盐适量。

制作方法

① 莲子洗净；牛蛙处理干净剁块；所有药材洗净放入棉布包扎紧。

② 锅中加6碗水煮开，放入所有材料，以大火煮沸后转小火煮约30分钟。捞出棉布包，调入盐即可。

草菇竹荪汤

适合人群：老年人

材 料 草菇50克，竹荪100克，上海青适量。

调 料 盐3克，味精1克。

制作方法

① 草菇洗净，用温水焯过后待用；竹荪洗净；上海青洗净。

② 锅置于火上，注油烧热，放入草菇略炒，注水煮沸后下入竹荪、上海青。

③ 再至沸时，加入盐、味精调味即可。

冬瓜蛤蜊汤

适合人群：老年人

材 料 冬瓜50克，蛤蜊250克。

调 料 盐5克，胡椒粉2克，料酒5克，姜10克，香油少许。

制作方法

① 冬瓜洗净，去皮，切块；姜洗净切片。

② 蛤蜊洗净，沥干备用。

③ 锅内加水，将冬瓜煮至熟烂，接着放入蛤蜊、盐、胡椒粉、料酒、姜、香油，煮至蛤蜊开壳后关火即可。

鳝鱼苦瓜枸杞汤

适合人群：老年人

材 料 鳝鱼 300 克，苦瓜 40 克，枸杞 10 克。
调 料 高汤适量，盐少许。

制作方法

① 将鳝鱼洗净切段，氽水；苦瓜洗净，去子切片；枸杞洗净备用。
② 净锅上火倒入高汤，下入鳝段、苦瓜、枸杞烧开，煲至熟调入盐即可。

山药猪排汤

适合人群：女性

材 料 猪排骨 200 克，山药 50 克，白芍 6 克。
调 料 色拉油 35 克，精盐 6 克。

制作方法

① 将猪排骨洗净切块、氽水，山药去皮、洗净、切片，白芍用温水浸泡备用。
② 净锅上火倒入色拉油，下入猪排骨煸炒，再下入山药同炒 1 分钟，倒入水，调入精盐烧沸，下入白芍小火煲至熟即可。

萝卜香菇粉丝汤

适合人群：老年人

材 料 白萝卜 100 克，香菇 30 克，水发粉丝 20 克，豆苗 10 克。
调 料 高汤适量，精盐少许。

制作方法

① 将白萝卜、香菇洗净均切成丝，水发粉丝洗净切段，豆苗洗净备用。
② 净锅上火，倒入高汤，调入精盐，下入白萝卜、香菇、水发粉丝、豆苗煲至熟即可。

黄绿汤

适合人群：老年人

材 料 南瓜 350 克，绿豆 100 克。
调 料 冰糖少许。

制作方法

① 将南瓜去皮、子，洗净切丁；绿豆淘洗净备用。
② 净锅上火倒入水，下入南瓜、绿豆烧开，调入冰糖煲至熟即可。

山药螃蟹瘦肉羹

适合人群：男性

材 料 瘦肉 200 克，螃蟹 1 只，山药 50 克，韭菜 30 克。
调 料 精盐少许，味精 3 克，葱、姜各 5 克，高汤适量。

制作方法

① 将瘦肉洗净、切丁、氽水，螃蟹去壳、切块、氽水，山药洗净，韭菜洗净切末。
② 净锅上火，倒入高汤，下入螃蟹、瘦肉、山药烧沸，调入精盐、味精、葱、姜，煲至熟撒上韭菜末即可。

药膳瘦肉汤

适合人群：老年人

材 料 猪瘦肉 120 克，豆芽 20 克，玄参 5 克，生地 3 克。
调 料 清汤适量，精盐 5 克，姜片 3 克，红枣 8 颗。

制作方法

① 将猪瘦肉洗净、切块，豆芽去根、洗净备用，玄参、生地、红枣均洗净。② 净锅上火倒入清汤，下入姜片、玄参、生地烧开至汤色较浓时，捞出调味料，再下入猪肉、豆芽、红枣，调入精盐烧沸，打去浮沫至熟即可。

枸杞香菇瘦肉汤

适合人群：男性

材 料 猪瘦肉 200 克，香菇 50 克，党参 4 克，枸杞 2 克。
调 料 精盐 6 克。

制作方法

① 将猪瘦肉洗净、切丁，香菇洗净、切丁，党参、枸杞均洗净备用。

② 净锅上火倒入水，调入精盐，下入猪瘦肉烧开，打去浮沫，再下入香菇、党参、枸杞煲至熟即可。

紫菜马蹄瘦肉汤

适合人群：男性

材 料 猪瘦肉 120 克，南豆腐 50 克，马蹄 20 克，紫菜 10 克。
调 料 高汤适量，精盐 3 克，胡椒粉 2 克。

制作方法

① 将猪瘦肉洗净、切片，南豆腐切片，马蹄去皮、洗净、切片，紫菜浸泡备用。

② 汤锅上火倒入高汤，下入猪瘦肉、南豆腐、马蹄、紫菜烧开，调入精盐、胡椒粉至熟即可。

精肉香菇黄瓜汤

适合人群：女性

材 料 猪精肉 100 克，黄瓜 75 克，香菇 10 克。
调 料 色拉油 20 克，精盐少许，味精、酱油、葱、姜各 3 克，香油 2 克。

制作方法

① 将猪精肉洗净、余水，黄瓜洗净、切片，香菇去根改刀备用。

② 净锅上火倒入色拉油，将葱、姜炝香，烹入酱油，倒入水，调入精盐、味精，下入肉片、黄瓜、香菇烧开煲至熟，淋入香油即可。

萝卜猪腱子肉汤

适合人群：男性

材 料 白萝卜175克，猪腱子肉100克，杏仁（袋装）12克。
调 料 清汤适量，精盐6克，葱、姜各3克。

制作方法

❶ 将白萝卜洗净切成滚刀块，猪腱子肉洗净切方块，杏仁洗净备用。❷ 净锅上火倒入清汤，调入精盐、葱、姜，下入猪腱子肉烧开，打去浮沫，再下入白萝卜、杏仁煲至熟即可。

莲藕骨头汤

适合人群：老年人

材 料 骨头250克，鲜莲藕90克。
调 料 精盐5克。

制作方法

❶ 将骨头洗净、切块，氽水；鲜莲藕去皮、洗净、切块备用。
❷ 净锅上火倒入水，调入精盐，下入骨头、鲜莲藕煲至熟即可。

猪骨黑豆汤

适合人群：男性

材 料 猪脊骨350克，黑豆30克。
调 料 精盐6克，姜片3克。

制作方法

❶ 将猪脊骨洗净、切块、氽水，黑豆淘洗净，浸泡20分钟备用。
❷ 净锅上火倒入水，调入精盐、姜片，下入猪脊骨、黑豆煲至熟即可。

山药花生煲猪尾

材 料 猪尾 250 克，山药 100 克，花生米 45 克。

调 料 色拉油 40 克，精盐 6 克，鸡精 3 克，葱、姜各 4 克。

制作方法

① 将猪尾洗净、切成小段；山药去皮、洗净、切块；花生米用温水浸泡备用。② 净锅上火倒入色拉油，将葱、姜爆香，下入猪尾煸炒至八成熟时，下入山药略炒，倒入水，调入精盐、鸡精烧沸，再下入花生米煲制熟即可。

莲藕猪心煲莲子

材 料 猪心 350 克，莲藕 100 克，口蘑 35 克，火腿 30 克，莲子 10 克。

调 料 色拉油 10 克，精盐 6 克，葱、姜、蒜各 3 克。

制作方法

① 将猪心洗净、切块、氽水；莲藕去皮、洗净、切块；口蘑洗净、切块；火腿切块；莲子洗净备用。② 煲锅上火倒入色拉油，将葱、姜爆香，下入猪心、莲藕、口蘑、火腿、莲子煸炒，倒入水，调入精盐煲至熟即可。

生姜肉桂猪肚汤

材 料 猪肚 400 克，生姜 30 克，肉桂 2 颗。

调 料 精盐 6 克。

制作方法

① 将猪肚洗净、切块、氽水，生姜去皮、洗净，肉桂洗净备用。

② 净锅上火倒入水，调入精盐，下入猪肚、生姜、肉桂煲至熟即可。

鹌鹑猪肝煲

适合人群：老年人

材 料 猪肝 250 克，鹌鹑蛋 100 克，黄瓜 50 克。
调 料 精盐少许，香油 3 克。

制作方法

① 将猪肝洗净切片焯水待用，鹌鹑蛋煮熟去皮，黄瓜切丝。

② 炒锅上火倒入水，调入精盐，下入猪肝、鹌鹑蛋煲至熟，撒入黄瓜片，淋入香油即可。

牛肚黄鳝汤

适合人群：女性

材 料 牛肚 150 克，黄鳝 100 克，党参 30 克。
调 料 花生油 30 克，精盐少许，味精 3 克，葱 3 克。

制作方法

① 将牛肚洗干净片成薄片，黄鳝洗净焯水，党参洗净备用。

② 炒锅上火倒入花生油，将葱炝香，倒入水，下入牛肚、黄鳝、党参，调入精盐、味精煲至熟即可。

萝卜枸杞牛尾汤

适合人群：男性

材 料 牛尾 200 克，胡萝卜 100 克，枸杞 10 克。
调 料 色拉油 20 克，精盐适量，味精、香菜 3 克，葱 2 克。

制作方法

① 将牛尾洗净、切块、氽水，胡萝卜洗净切滚刀块，枸杞洗净备用。

② 净锅上火倒入色拉油，将葱炒香，倒入水，下入牛尾、胡萝卜、枸杞，调入精盐、味精，撒入香菜即可。

祛寒羊肉煲

适合人群：老年人

材 料 羊肉 750 克，黄芪、党参、陈皮各适量。
调 料 精盐 6 克。

制作方法

① 将羊肉洗净、切块备用，黄芪、党参、陈皮洗净备用。

② 净锅上火倒入水，调入精盐、黄芪、党参、陈皮，烧开 20 分钟，下入羊肉煲至熟即可。

橘子羊肉汤

适合人群：女性

材 料 羊肉 300 克，橘子 50 克。
调 料 精盐少许，味精 3 克，高汤适量。

制作方法

① 将羊肉洗净切大片汆水，橘子切片备用。

② 炒锅上火倒入高汤，调入精盐、味精，加入羊肉、橘子煲至熟即可。

山药羊排煲

适合人群：男性

材 料 羊排 250 克，山药 100 克，枸杞 5 克。
调 料 花生油 20 克，精盐少许，味精 3 克，葱 6 克，香菜 5 克。

制作方法

① 将羊排洗净、切块、汆水，山药去皮切块，枸杞洗净备用。

② 炒锅上火倒入花生油，将葱爆香，加入水，下入羊排、山药、枸杞，调入少许盐、味精，煲至熟撒入香菜即可。

玉米棒鸡块煲

适合人群：老年人

材 料 玉米棒 200 克，肉鸡 150 克。

调 料 色拉油 35 克，精盐 3 克，味精 3 克，葱、姜各 5 克，酱油 6 克，香油 3 克。

制作方法

❶将玉米棒切成厚片，肉鸡洗净斩块，氽水备用。❷净锅上火，倒入色拉油，将葱、姜炝香，下入鸡块煸炒，烹入酱油，再下入玉米棒同炒，倒入水烧沸，调入精盐、味精煲至熟，淋入香油即可。

乌鸡板栗山药煲

适合人群：女性

材 料 板栗肉 150 克，乌鸡 135 克，山药 100 克。

调 料 精盐 6 克。

制作方法

❶将板栗肉洗净，乌鸡洗净斩块，山药去皮洗净切块备用。
❷净锅上火倒入水，下入板栗、乌鸡、山药，调入精盐煲至熟即可。

薏米冬瓜鸭肉汤

适合人群：老年人

材 料 冬瓜 300 克，鸭肉 100 克，薏米 25 克。

调 料 色拉油 20 克，精盐 4 克，味精 2 克，葱、姜片各 3 克，香油 2 克。

制作方法

❶将冬瓜去皮、子，洗净切成滚刀块；鸭肉斩块氽水冲净，薏米淘洗净用温水浸泡备用。❷净锅上火倒入色拉油，将葱、姜片炝香，下入鸭肉略炒，倒入水，下入冬瓜、薏米，调入精盐、味精煲至熟，淋入香油即可。

第七章

降压降脂汤

茸芪煲鸡汤

适合人群：老年人

材 料 鸡肉500克，猪瘦肉300克，鹿茸20克，黄芪20克，生姜10克。
调 料 盐5克，味精3克。

制作方法

❶ 鹿茸、黄芪均洗净；生姜去皮，切片；猪瘦肉洗净，切成厚块。
❷ 鸡洗净，斩成块，放入沸水中汆去血水后捞出。❸ 锅内注入适量水，下入所有原材料，大火煲沸后再改小火煲3小时，调入盐、味精即可。

通草丝瓜对虾汤

适合人群：老年人

材 料 对虾2只，丝瓜10克，通草6克。
调 料 葱段、盐、蒜末各适量。

制作方法

❶ 将对虾处理干净，用盐腌渍；丝瓜洗净切条状；通草洗净。
❷ 锅中下油烧热，下入葱段、蒜末炒香，再倒入对虾、丝瓜和通草，加水煮至熟，最后加盐调味即可。

上汤芥蓝

适合人群：老年人

材 料 火腿肠200克，土豆200克，芥蓝300克。
调 料 盐3克，鸡精10克，清汤适量。

制作方法

❶ 芥蓝、土豆分别洗净，将火腿肠和土豆切成丝。❷ 芥蓝放沸水锅中，加适量盐，焯熟后装盘摆好。❸ 锅烧热加油，放入火腿丝、土豆丝翻炒均匀，加清汤煮沸，下盐、鸡精调味，将汤汁浇到芥蓝上即可。

苦瓜黄豆牛蛙汤

适合人群：老年人

材 料 苦瓜 400 克，黄豆 50 克，牛蛙 500 克，红枣 5 颗。
调 料 盐 5 克。

制作方法

① 苦瓜去瓤，切成小段，洗净；牛蛙处理干净；黄豆、红枣均泡发洗净。② 热锅下油，倒入苦瓜、黄豆、红枣炒一会儿。③ 将 1600 毫升清水放入锅内，煮沸后加入牛蛙，大火煮沸后，改用小火煲 100 分钟，加盐调味即可。

莴笋鳝鱼汤

适合人群：老年人

材 料 鳝鱼 250 克，莴笋 50 克。
调 料 高汤适量，盐少许，酱油 2 克。

制作方法

① 将鳝鱼处理干净切段，氽水；莴笋去皮洗净，切块备用。
② 净锅上火倒入高汤，调入盐、酱油，下入鳝段、莴笋煲至熟即可。

苦瓜海带龙骨汤

适合人群：老年人

材 料 龙骨 1000 克，海带 300 克，苦瓜 200 克。
调 料 盐 3 克。

制作方法

① 龙骨洗净，砍成段；海带泡发洗净，切成长段；苦瓜洗净，剖开去子，切块备用。② 龙骨放入开水中烫去血水，捞出放入砂锅，加清水烧开，再加苦瓜、海带炖煮。③ 炖好后，加盐调味即可。

黄瓜鸽蛋汤

适合人群：老年人

材 料 黄瓜100克，鸽蛋6只。

调 料 盐1克。

制作方法

①黄瓜去皮洗净，切块。

②锅内注水，烧至沸时，加入黄瓜煮5分钟，再向锅内打入鸽蛋。

③约煮3分钟，加盐煮至入味即可。

莲藕萝卜排骨汤

适合人群：男性

材 料 莲藕250克，猪排100克，胡萝卜75克，油菜10克。

调 料 清汤适量，精盐6克。

制作方法

①将莲藕洗净切块；猪排洗净剁块，氽水；胡萝卜去皮洗净切块；油菜洗净。

②将清汤倒入锅内，调入精盐烧沸，下入猪排、莲藕、胡萝卜煲至熟，撒入油菜即可。

莲子鹌鹑煲

适合人群：老年人

材 料 鹌鹑400克，莲子100克，油菜叶30克。

调 料 精盐少许，味精3克，高汤、香油各2克。

制作方法

①将鹌鹑洗净斩块氽水，莲子洗净，油菜叶洗净撕成小片备用。

②炒锅上火倒入高汤，下入鹌鹑、莲子，调入精盐、味精，小火煲至熟时，下入油菜叶，淋入香油即可。

油菜豆腐汤

适合人群：男性

材　料 油菜 50 克，豆腐 250 克，虾仁少许。
调　料 红油、香油各 10 克，盐、味精各 3 克。

制作方法

①豆腐洗净切块，油菜洗净。

②锅中注水，烧至沸时，加入豆腐煮 3 分钟，然后放入油菜再煮 2 分钟，撒入虾仁，加入调料即可。

猪腱子莲藕汤

适合人群：女性

材　料 猪腱子肉 300 克，莲藕 125 克，香菇 10 克。
调　料 色拉油 12 克，精盐 5 克，葱、姜各 2 克，香油 4 克。

制作方法

①将猪腱子肉洗净、切块，莲藕去皮、洗净、切块，香菇洗净、切块备用。②汤锅上火倒入色拉油，将葱、姜爆香，下入猪腱子肉烹炒，倒入水，下入莲藕、香菇，调入精盐，煲至熟，淋入香油即可。

苦瓜煲猪五花肉

适合人群：男性

材　料 猪五花肉 200 克，苦瓜 50 克，水发木耳 10 克。
调　料 花生油 10 克，精盐 4 克，酱油 2 克，蒜片 5 克。

制作方法

①将猪五花肉洗净、切块，苦瓜洗净、切块，水发木耳洗净、撕成小朵备用。②净锅上火倒入花生油，将蒜片爆香，下入猪五花肉煸炒，烹入酱油，下入苦瓜、水发黑木耳，倒入水，调入精盐至熟即可。

猪肉芋头香菇煲

适合人群：女性

材　料 芋头 200 克，猪肉 90 克，香菇 8 朵。

调　料 黄豆油 10 克，精盐少许，八角 1 个，葱、姜末各 2 克，酱油少许，香菜末 3 克。

制作方法

① 将芋头去皮洗净切滚刀块，猪肉洗净切片，香菇洗净切块备用。

② 净锅上火倒入黄豆油，将葱、姜末、八角爆香，下入猪肉煸炒，烹入酱油，下入芋头、香菇同炒，倒入水，调入精盐煲至熟即可。

豆腐皮肉丝生菜汤

适合人群：女性

材　料 豆腐皮 100 克，猪瘦肉 75 克，生菜 15 克。

调　料 色拉油 10 克，精盐 3 克，葱、姜各 1 克。

制作方法

① 将豆腐皮、猪瘦肉、生菜均洗净切丝备用。

② 净锅上火倒入色拉油，将葱、姜爆香，下入肉丝煸炒，倒入水，调入精盐，下入豆腐皮、生菜煲至熟即可。

香芹肉汤

适合人群：老年人

材　料 香芹 125 克，猪肉 50 克，水发粉条 20 克。

调　料 色拉油 30 克，精盐 6 克，酱油 3 克，姜末 2 克，香油 5 克。

制作方法

① 将香芹择洗净切丝，猪肉洗净切丝，水发粉条切段备用。

② 净锅上火倒入色拉油，将姜末炒香，下入肉丝煸炒，烹入酱油，再下入香芹同炒几下，倒入水，下入粉条，调入精盐煲至熟，淋入香油即可。

玉米猪骨汤

适合人群：男性

材 料 玉米棒 250 克，猪骨 200 克。
调 料 精盐 6 克。

制作方法

① 将玉米棒洗净切厚片，猪骨洗净斩块焯水备用。

② 净锅上火，倒入水，调入精盐，下入玉米棒、猪骨煲至熟即可。

冬笋排骨汤

适合人群：女性

材 料 冬笋 200 克，猪排 125 克，青菜 20 克。
调 料 清汤适量，精盐 6 克。

制作方法

① 将冬笋洗净切块，猪排洗净斩块，青菜洗净备用。

② 净锅上火倒入水，下入猪排焯水，捞起洗净待用。

③ 净锅重新上火倒入清汤，下入猪排、冬笋，调入精盐烧开煲至熟，撒入青菜即可。

沙葛猪骨汤

适合人群：女性

材 料 猪排骨 300 克，薏米 100 克，沙葛 50 克，枸杞 10 克。
调 料 花生油 20 克，精盐 5 克，味精 3 克，葱、姜各 6 克，高汤适量。

制作方法

① 将猪排骨洗净、切块、汆水，薏米浸泡洗净，沙葛去皮、洗净切滚刀块，枸杞洗净备用。② 炒锅上火倒入花生油，将葱、姜炝香，倒入高汤，调入精盐、味精，下入猪排骨、薏米、沙葛、枸杞煲至熟即可。

玉米排骨小白菜汤

适合人群：女性

材 料 猪排 250 克，玉米棒 30 克，小白菜 25 克。
调 料 精盐适量。

制作方法

❶ 将猪排洗净、切块、氽水，玉米棒洗净、切片，小白菜洗净、切段备用。

❷ 净锅上火倒入水，下入排骨、玉米棒烧开，调入精盐，煲至熟，下入小白菜即可。

板栗玉米煲排骨

适合人群：男性

材 料 猪排骨 350 克，玉米棒 200 克，板栗 50 克。
调 料 花生油 30 克，精盐、味精各 3 克，葱、姜各 5 克，高汤适量。

制作方法

❶ 将猪排骨洗净、氽水，玉米棒切块，板栗洗净备用。

❷ 净锅上火倒入花生油，将葱、姜爆香，下入高汤、猪排骨、玉米棒、板栗，调入精盐、味精煲至熟即可。

草菇煲猪蹄

适合人群：老年人

材 料 猪蹄 200 克，草菇 100 克，油菜 50 克。
调 料 花生油 25 克，精盐适量，味精 3 克，葱 4 克，香油 2 克。

制作方法

❶ 将猪蹄洗净、切块、氽水；草菇洗去盐分；油菜洗净备用。

❷ 净锅上火倒入花生油，下入葱爆香，倒入水，调入精盐、味精，下入猪蹄、草菇至熟，淋入香油，撒入油菜即可。

第八章

防癌抗癌汤

什锦汤

适合人群：女性

材 料 金针菇、滑子菇各200克，上海青、胡萝卜各80克。
调 料 盐2克。

制作方法

① 金针菇洗净，去根；上海青洗净，对切；胡萝卜洗净，切块；滑子菇洗净。② 油锅烧热，放入滑子菇、胡萝卜煸炒均匀，八分熟时加入清水烧开，放入金针菇，烧开后再放入上海青。③ 再烧开后，加盐调味即可。

砂锅鲜菌汤

适合人群：老年人

材 料 咸猪肉50克，西红柿200克，胡萝卜30克，莲子25克。
调 料 香油少许，盐8克。

制作方法

① 咸肉洗净，切小块。
② 西红柿洗净，切块；胡萝卜去皮，洗净，切块；莲子洗净。
③ 将咸肉、胡萝卜、莲子放入清水锅内，大火煲20分钟，加西红柿再煲5分钟，加香油和盐调味即可。

枸杞牛蛙汤

适合人群：男性

材 料 牛蛙2只，姜1小段，枸杞10克。
调 料 盐2小匙。

制作方法

① 牛蛙处理干净剁块，汆烫后捞起备用；姜洗净，切丝；枸杞以清水泡软。② 锅内加入4碗水煮沸，放入牛蛙、姜丝、枸杞，滚后转中火续煮2～3分钟，待牛蛙肉熟嫩，加盐调味即成。

金针菇鱼头汤

适合人群：女性

材 料 鱼头 1 个，金针菇 150 克。
调 料 姜、葱、味精、盐各 5 克，高汤适量。

制作方法

①鱼头处理干净，对切；金针菇洗净，切去根部。

②起油锅，入鱼头煎黄。

③另起锅下入高汤，加入鱼头、金针菇，煮至汤汁变成奶白色，加入调味料稍煮即可。

海带黄豆汤

适合人群：老年人

材 料 海带结 100 克，黄豆 20 克。
调 料 精盐、姜片各 3 克。

制作方法

①将海带结洗净，黄豆洗净用温水浸泡至回软备用。

②净锅上火倒入水，调入精盐、姜片，下入黄豆、海带结煲至熟即可。

党参黄芽骨头汤

适合人群：老年人

材 料 猪骨 200 克，黄豆芽 75 克，党参 5 克。
调 料 色拉油 45 克，精盐 6 克，味精 3 克，葱、姜各 2 克。

制作方法

①将猪骨洗净、汆水，黄豆芽洗净，党参用温水清洗备用。

②净锅上火倒入色拉油，将葱、姜煸香，下入黄豆芽翻炒，倒入水，下入猪骨、党参烧沸，调入精盐、味精至熟即可。

香菇白菜猪蹄汤

适合人群：老年人

材 料 猪蹄 250 克，白菜叶 150 克，香菇 10 朵。
调 料 色拉油 20 克，精盐少许，味精 3 克，姜 5 克，香油 2 克。

制作方法

① 将猪蹄洗净、切块、氽水；白菜叶洗净；香菇用温水泡开洗净备用。
② 净锅上火倒入色拉油，将姜炝香，下入白菜叶略炒，倒入水，加入猪蹄、香菇，调入精盐、味精烧沸，淋入香油即可。

蹄花冬菇汤

适合人群：男性

材 料 猪蹄 1 个，冬菇 10 朵，花生米 15 克。
调 料 精盐 4 克。

制作方法

① 将猪蹄洗净、切块、氽水，冬菇洗净、切块，花生米洗净浸泡备用。
② 汤锅上火倒入水，下入猪蹄、冬菇、花生米，调入精盐煲至熟即可。

猪肚参汤

适合人群：老年人

材 料 猪肚 250 克，西芹 20 克，参片 5 克。
调 料 精盐 6 克。

制作方法

① 将猪肚洗净、煮熟切宽条；西芹择洗净切段；参片用温水稍泡洗净备用。
② 净锅上火倒入水，调入精盐，下入参片烧开 20 分钟，下入猪肚、西芹至熟即可。

猪肚山药枸杞汤

适合人群：老年人

材 料 山药 200 克，熟猪肚 100 克，枸杞 5 克。

调 料 清汤适量，花生油 12 克，精盐 4 克。

制作方法

① 将山药去皮洗净切丝；熟猪肚切丝，枸杞洗净备用。

② 汤锅上火倒入清汤，下入熟猪肚、山药、枸杞，调入精盐、花生油煲至熟即可。

菠菜猪肝煲木耳

适合人群：老年人

材 料 猪肝 300 克，菠菜 100 克，木耳 50 克。

调 料 花生油 30 克，精盐适量，味精 3 克，葱、姜各 8 克。

制作方法

① 将猪肝洗净切片焯水，菠菜洗净切段，木耳洗净备用。

② 锅上火倒入花生油，葱、姜煸香，倒入水，下入猪肝、菠菜、木耳，调入精盐、味精煲至熟即可。

山药党参猪胰汤

适合人群：老年人

材 料 猪胰 150 克，山药 40 克，党参 3 克。

调 料 色拉油 45 克，精盐 6 克，鸡精 2 克，葱、姜各 3 克，胡椒粉 5 克，香油 4 克。

制作方法

① 将猪胰洗净改刀，山药去皮洗净切片，党参用温水浸泡备用。

② 净锅上火倒入色拉油，将葱、姜、党参炝香，下入猪胰、山药烹炒，倒入水，调入胡椒粉、鸡精、精盐烧开，改小火煲至熟，淋入香油即可。

豆芽腰片汤

适合人群：男性

材 料 猪腰 200 克，黄豆芽 100 克。
调 料 精盐 5 克，胡椒粉 4 克。

制作方法

① 将猪腰洗净，去除腰骚切片焯水，黄豆芽洗净备用。

② 净锅上火倒入水，调入精盐，下入黄豆芽、猪腰煲至熟，调入胡椒粉即可。

鲜奶西蓝花牛尾汤

适合人群：男性

材 料 牛尾 250 克，西蓝花 100 克，鲜奶适量。
调 料 色拉油 20 克，精盐少许。

制作方法

① 将牛尾切块、余水，西蓝花洗净掰小块备用。

② 净锅上火倒入色拉油，下入西蓝花煸炒 2 分钟，加入鲜奶、牛尾，调入精盐，煲至熟即可。

薏米鸡块汤

适合人群：老年人

材 料 鸡腿肉 200 克，山药 50 克，薏米 20 克。
调 料 精盐 5 克。

制作方法

① 将鸡腿肉洗净斩块余水，山药去皮洗净均切成块，薏米淘洗净泡至回软备用。

② 汤锅上火倒入水，下入鸡块、山药、薏米，调入精盐煲至熟即可。

香菇瘦肉煲老鸡

适合人群：女性

材　料 老母鸡400克，猪瘦肉200克，香菇50克。
调　料 花生油30克，精盐6克，味精3克，葱、姜、蒜各6克，香菜5克，高汤适量。

制作方法

① 将老母鸡杀洗干净斩块，汆水。② 猪瘦肉洗净切片汆水，香菇洗净备用。③ 净锅上火，倒入花生油，将葱、姜、蒜炝香，倒入高汤，再下入老母鸡、猪瘦肉、香菇，调入精盐、味精，小火煲至熟，撒入香菜即可。

冬瓜鸡块玉米汤

适合人群：男性

材　料 家鸡250克，玉米棒100克，冬瓜75克。
调　料 精盐少许。

制作方法

① 将家鸡杀洗净斩块汆水，玉米棒切成小块，冬瓜去皮、子洗净切块备用。
② 净锅上火倒入水，下入家鸡、玉米棒、冬瓜烧开，调入精盐煲至熟即可。

银耳枸杞煲鸭胗

适合人群：老年人

材　料 水发银耳50克，熟鸭胗45克，枸杞7克。
调　料 高汤适量，精盐5克。

制作方法

① 将水发银耳洗净撕成小朵，熟鸭胗切片，枸杞洗净备用。
② 净锅上火倒入高汤，调入精盐，下入水发银耳、熟鸭胗、枸杞煲至熟即可。

西蓝花豆腐鱼块煲

适合人群：女性

材 料 豆腐 200 克，西蓝花 125 克，草鱼肉 75 克。
调 料 色拉油 10 克，精盐 4 克，葱段、姜片各 3 克。

制作方法

① 将豆腐切块，西蓝花洗净掰块，鱼洗净斩块。

② 煲锅上火倒入色拉油，将葱、姜炒香，下入鱼块煎炒，倒入水，加入精盐，下入西蓝花、豆腐煲熟即可。

美味清汤黄花鱼

适合人群：女性

材 料 黄花鱼 2 尾。
调 料 清汤适量，精盐 6 克，胡椒粉 5 克，姜片、香菜末各 3 克。

制作方法

① 将黄花鱼洗净斩块备用。

② 净锅上火倒入清汤，调入精盐、姜片，下入黄花鱼烧开，打去浮沫煲至熟，调入胡椒粉，撒上香菜即可。

菌菇虫草黄花鱼汤

适合人群：男性

材 料 黄花鱼 450 克，多菌菇 100 克，虫草 3 克。
调 料 精盐少许，味精 3 克，葱段 2 克，胡椒粉 5 克。

制作方法

① 将黄花鱼洗净汆水，多菌菇浸泡去盐分备用，虫草洗净。

② 净锅上火倒入水，加入葱段、黄花鱼、虫草、多菌菇，调入精盐、味精、胡椒粉煲至入味即可。

黄芪带鱼汤

适合人群：女性

材 料 带鱼250克，黄芪3克。

调 料 花生油25克，精盐5克，味精3克，姜片2克，葱末4克。

制作方法

① 将带鱼洗净，切成段；黄芪用温水浸泡2分钟，洗净备用。

② 锅上火倒入花生油，将姜片爆香，倒入水，调入精盐、味精烧沸，下入带鱼、黄芪煮至熟，撒入葱末即可。

凤尾鱼芋头汤

适合人群：老年人

材 料 凤尾鱼250克，芋头100克，冬笋30克。

调 料 色拉油20克，精盐适量，味精4克，葱段、姜片各3克。

制作方法

① 将凤尾鱼洗净；冬笋洗净切片；芋头去皮洗净，切片备用。

② 锅上火倒入色拉油，将葱、姜炝香，下入冬笋烹炒，倒入水，调入精盐、味精，放入凤尾鱼、芋头煲至熟即可。

莴笋煲鳝鱼

适合人群：男性

材 料 鳝鱼250克，莴笋50克。

调 料 高汤适量，精盐少许，酱油2克。

制作方法

① 将鳝鱼洗净切段，汆水；莴笋去皮洗净，切块备用。

② 净锅上火倒入高汤，调入精盐、酱油，下入鳝段、莴笋煲至熟即可。

河虾豌豆苦瓜汤

适合人群：男性

材 料 河虾 100 克，苦瓜 50 克，豌豆 45 克。

调 料 色拉油 20 克，精盐少许，味精、葱段、姜片各 3 克，香油 2 克。

制作方法

① 将河虾洗净开背，苦瓜洗净去子切片，豌豆洗净备用。

② 锅上火倒入色拉油，将葱、姜爆香，下入河虾煸炒，再下入苦瓜略炒，倒入水，入精盐、味精，下入豌豆煲至熟，淋入香油即可。

虾米油菜玉米汤

适合人群：老年人

材 料 油菜 200 克，玉米粒 45 克，水发虾米 20 克。

调 料 精盐 5 克，葱花 3 克。

制作方法

① 将油菜洗净，玉米粒洗净，水发虾米洗净备用。

② 汤锅上火倒入油，将葱花、水发虾米爆香，下入油菜、玉米粒煸炒，倒入水，调入精盐煲至熟即可。

灵芝石斛鱼胶猪肉汤

适合人群：老年人

材 料 瘦肉 300 克，灵芝、石斛、鱼胶各适量。

调 料 盐 6 克，鸡精 5 克。

制作方法

① 瘦肉洗净，切件，汆水；灵芝、鱼胶洗净，浸泡；石斛洗净，切片。

② 将瘦肉、灵芝、石斛、鱼胶放入锅中，加入清水慢炖；炖至鱼胶变软散开后，调入盐和鸡精即可食用。

第九章

补血养颜汤

党参枸杞红枣汤

适合人群：女性

材　料 红枣 12 克，党参 20 克，枸杞 12 克。
调　料 白糖适量。

制作方法

❶党参洗净切成段；红枣、枸杞洗净后放入清水中浸泡 5 分钟再捞出备用。

❷将红枣、党参、枸杞放入砂锅中，放入适量清水，煮沸，加入白糖，改用小火再煲 10 分钟左右即可。

中药炖乌鸡

适合人群：女性

材　料 熟地 15 克，当归 10 克，川芎 5 克，炒芍 5 克，党参 15 克，白术 5 克，茯苓 5 克，甘草 5 克，桂枝 10 克，黄芪 15 克，枸杞 10 克，红枣 8 个，鸡腿 2 只。
调　料 盐 3 克。

制作方法

❶鸡腿剁块，洗净，汆烫后捞出，再冲净。❷将所有材料冲净，放入炖锅中，加入鸡块，加水至盖过材料，以大火煮开，转小火慢炖 1 小时，加盐调味即可。

参麦黑枣乌鸡汤

适合人群：女性

材　料 乌鸡 400 克，人参、麦冬各 20 克，黑枣、枸杞各 15 克。
调　料 盐 5 克，鸡精 4 克。

制作方法

❶乌鸡处理干净，斩件，汆水；人参、麦冬洗净，切片；黑枣洗净，去核，浸泡；枸杞洗净，浸泡。❷锅中注入适量清水，放入乌鸡、人参、麦冬、黑枣、枸杞，盖好盖。❸大火烧沸后以小火慢炖 2 小时，调入盐和鸡精即可食用。

人参糯米鸡汤

适合人群：女性

材 料 人参片 15 克，糯米 40 克，鸡腿 1 只，红枣 6 颗。
调 料 盐 6 克。

制作方法

① 糯米淘洗干净，用清水泡 1 小时，沥干。② 鸡腿剁块，洗净，氽烫后捞出再冲净；红枣洗净备用。③ 将糯米、鸡块、参片、红枣放入炖锅中，加适量水以大火煮开，转小火炖至肉熟米烂，加盐调味即可。

六味地黄鸡汤

适合人群：女性

材 料 鸡腿 150 克，熟地 25 克，山茱萸、泽泻各 5 克，淮山、丹皮、茯苓各 10 克，红枣 8 颗。
调 料 盐适量。

制作方法

① 鸡腿剁块，放入沸水中氽烫，捞起冲净；其他材料洗净备用。
② 将鸡腿和所有材料一起盛入炖锅，加 6 碗水以大火煮开。
③ 转小火慢炖 30 分钟，放盐调味即成。

十全大补鸡汤

适合人群：女性

材 料 熟地 15 克、当归 10 克、川芎 5 克、炒芍 5 克、党参 15 克、白术 5 克、茯苓 5 克、甘草 5 克、桂枝 10 克、黄芪 15 克、枸杞 10 克、红枣 8 颗、鸡腿 2 只。
调 料 盐 3 克。

制作方法

① 鸡腿剁块，洗净，氽烫后捞出，再冲净一次。② 将所有材料冲净，放入炖锅中，加入鸡块，加水至盖过材料，以大火煮开，转小火慢炖 1 小时，加盐调味即可。

猪骨煲奶白菜

适合人群：女性

材 料 奶白菜 100 克，猪排骨 400 克，淮山 50 克，党参 30 克，枸杞 20 克，香芹少许。

调 料 盐 2 克。

制作方法

①猪排骨洗净，剁成块；奶白菜洗净；淮山、党参、枸杞洗净；香芹洗净，切段。②锅内注水，下淮山、党参、枸杞与排骨，一起炖煮 1 小时左右，加入奶白菜、香芹稍煮。③加入盐调味，起锅装盘即可。

血豆海带煲猪蹄

适合人群：女性

材 料 猪蹄 300 克，海带 200 克，血豆 100 克。

调 料 葱 20 克，盐 5 克，鸡精 10 克。

制作方法

①将猪蹄、海带、血豆分别洗净，猪蹄切成小块，海带切丝；葱洗净切花。

②锅中加适量水，将猪蹄、海带丝、血豆、葱花一起倒入砂锅，大火煮开后下鸡精、盐，转小火煮一会儿即可。

双仁菠菜猪肝汤

适合人群：女性

材 料 猪肝 200 克，菠菜 2 株，酸枣仁 10 克，柏子仁 10 克。

调 料 盐 5 克。

制作方法

①将酸枣仁、柏子仁装在棉布袋内，扎紧。②猪肝洗净切片；菠菜洗净切成段。③将布袋入锅加 4 碗水熬高汤，熬至约剩 3 碗水。④猪肝和菠菜加入高汤中，待水一开即熄火，加盐调味即成。

阿胶牛肉汤

适合人群：女性

材 料 阿胶 15 克，牛肉 100 克。

调 料 米酒 20 克，生姜 10 克，盐适量。

制作方法

① 将牛肉洗净，去筋切片。

② 牛肉片与生姜、米酒一起放入砂锅，加适量水，用小火煮 30 分钟。

③ 再加入阿胶及盐，煮至阿胶溶解，拌匀即可。

罗汉果鸡煲

适合人群：女性

材 料 罗汉果 2 个，鸡 1 只。

调 料 葱 10 克，味精 2 克，绍酒 10 克，清汤适量，盐 3 克，姜 10 克。

制作方法

① 将鸡处理干净，斩成块；罗汉果洗净，拍破；姜洗净切片；葱洗净切段。② 鸡块入沸水锅中汆去血水。③ 将鸡块、罗汉果、姜、葱、绍酒放入煲内，加入清汤煲熟，放入盐、味精即可。

土鸡煨鱼头

适合人群：女性

材 料 土鸡 500 克，鱼头 1 个，青菜 100 克，枸杞 50 克。

调 料 姜片 30 克，盐 6 克，料酒 10 克，鸡精 5 克。

制作方法

① 土鸡、鱼头、青菜、枸杞分别洗净，鱼头、土鸡切成大块。

② 锅烧热放油，下姜片爆香，然后放鱼头炸一下。

③ 将土鸡、鱼头、青菜、枸杞一起倒入砂锅中，加适量清水，下料酒、盐、鸡精，转小火炖半小时即可。

粉丝土鸡汤

适合人群：女性

材 料 土鸡 600 克，粉丝 300 克，枸杞 20 克，人参片 10 克。
调 料 盐 3 克，料酒 15 克。

制作方法

❶土鸡处理干净，切块；粉丝用温水泡发备用；枸杞洗净。❷油锅烧热，放入鸡块，加盐、料酒炒至水干，加入清水、枸杞、人参片烧开。❸以大火炖至鸡块熟，加入粉丝烧熟，加盐调味即可。

养颜芦笋腰豆汤

适合人群：女性

材 料 红腰豆 100 克，芦笋 75 克。
调 料 清汤适量，红糖 52 克。

制作方法

❶将红腰豆洗净、芦笋洗净切丁待用。
❷锅上火倒入清汤，下入红腰豆、芦笋，调入红糖，煲至熟即可。

菠萝银耳红枣甜汤

适合人群：女性

材 料 菠萝 125 克，水发银耳 20 克，红枣 8 颗。
调 料 白糖 10 克。

制作方法

❶将菠萝去皮洗净切块，水发银耳洗净摘成小朵，红枣洗净备用。
❷汤锅上火倒入水，下入菠萝、水发银耳、红枣煲至熟，调入白糖搅匀即可。

橘子杏仁菠萝汤

适合人群：女性

材 料 菠萝 100 克，杏仁 80 克，橘子 20 克。
调 料 冰糖 50 克。

制作方法

① 将菠萝去皮切块，杏仁洗净，橘子切片。
② 锅上火倒入水，调入冰糖，下入菠萝、杏仁、橘子烧沸即可。

菠菜豆腐汤

适合人群：女性

材 料 菠菜 150 克，豆腐 50 克。
调 料 精盐适量，味精 3 克，高汤。

制作方法

① 将菠菜洗净切段，豆腐切条备用。
② 炒锅上火倒入高汤烧沸，调入精盐、味精，下入菠菜、豆腐煲至熟即可。

银耳炖猪腱子

适合人群：女性

材 料 猪腱子肉 180 克，水发银耳 20 克。
调 料 清汤适量，精盐 6 克。

制作方法

① 将猪腱子肉洗净、切块、汆水，水发银耳洗净，撕成小块备用。
② 净锅上火倒入清汤，下入猪腱子肉、水发银耳，调入精盐煲至熟即可。

百合红枣瘦肉羹

适合人群：孕产妇

材　料 水发百合100克，红枣6颗，莲子20颗，猪瘦肉30克。
调　料 精盐适量。

制作方法

① 将水发百合洗净，红枣、莲子洗净浸泡20分钟，猪瘦肉洗净切成丁备用。

② 净锅上火，倒入水，调入精盐烧开，下入水发百合、红枣、莲子、肉丁煲至熟即可。

丝瓜排骨西红柿汤

适合人群：孕产妇

材　料 西红柿250克，丝瓜125克，卤排骨100克。
调　料 高汤适量，精盐3克，白糖2克，料酒4克。

制作方法

① 将西红柿洗净切块，丝瓜去皮洗净切滚刀块，卤排骨备用。

② 汤锅上火倒入高汤，调入精盐、白糖、料酒，下入西红柿、丝瓜、卤排骨煲至熟即可。

银耳红枣煲猪排

适合人群：女性

材　料 猪排200克，水发银耳45克，红枣6颗。
调　料 精盐5克，白糖3克。

制作方法

① 将猪排洗净、切块、汆水，水发银耳洗净撕成小朵，红枣洗净备用。

② 净锅上火倒入水，调入精盐，下入猪排、水发银耳、红枣煲至熟，调入白糖即可。

第十章

排毒瘦身汤

西红柿豆腐汤

适合人群：女性

材 料 西红柿 250 克，豆腐 2 块。

调 料 盐 15 克，胡椒粉 1 克，水淀粉 15 克，味精 1 克，香油 5 克，菜油 150 克，葱花 25 克。

制作方法

1 豆腐洗净切小粒；西红柿洗净，切成粒；豆腐加西红柿、胡椒粉、盐、味精、水淀粉拌匀。 2 炒锅烧热下菜油，入豆腐、西红柿翻炒至香。 3 加适量水约煮 5 分钟，撒上葱花，调入盐，淋上香油即可。

清热苦瓜汤

适合人群：女性

材 料 苦瓜 400 克。

调 料 盐 3 克，香油适量。

制作方法

1 苦瓜洗净、去子，切成小块，焯水备用。

2 锅中加水，放入苦瓜煮成汤，调入盐，淋上香油即可。

海带排骨汤

适合人群：女性

材 料 猪排骨 300 克，海带结 100 克。

调 料 盐 2 克，味精 1 克。

制作方法

1 猪排骨洗净，剁成块；海带结洗净，用温水焯过后备用。

2 锅内注水烧沸，加入排骨焖煮约 30 分钟，再加入海带结。

3 煮熟后，加入盐、味精调味即可。

白果覆盆子猪肚汤

材 料 猪肚 150 克，白果、覆盆子各适量。
调 料 盐适量，姜片、葱各 5 克。

制作方法

① 猪肚洗净切段，加盐涂擦后用清水冲洗干净；白果洗净去壳；覆盆子洗净；葱洗净切段。② 将猪肚、白果、覆盆子、姜片放入瓦煲内，注入清水，大火烧开，改小火炖煮 2 小时。③ 加盐调味，起锅后撒上葱段即可。

牛肉冬瓜汤

材 料 牛肉 500 克，冬瓜 200 克。
调 料 葱白、豉汁、盐、醋各适量。

制作方法

① 牛肉洗净，切成薄片；冬瓜去瓤及青皮，洗净切成小块；葱白洗净切段。
② 豉汁烧沸，加入牛肉片和冬瓜块，煮沸后改用小火炖。
③ 至肉烂熟时，撒入葱白段，加油、盐、醋和匀即成。

三子下水汤

材 料 鸡内脏 1 份，覆盆子、车前子、菟丝子各 10 克。
调 料 盐 5 克，葱丝、姜丝各少许。

制作方法

① 将鸡内脏洗净，切成片。
② 将所有药材放入棉布袋内，扎好，放入锅中，加适量水煮 20 分钟。
③ 捞弃棉布袋，转中火，放入鸡内脏、姜丝、葱丝煮至熟，加盐调味即可。

冬瓜薏米煲老鸭

适合人群: 女性

材 料 冬瓜200克,鸭1只,红枣、薏米各少许。

调 料 盐3克,胡椒粉2克。

制作方法

❶ 冬瓜洗净,切块;鸭处理干净,切块;红枣、薏米泡发,洗净备用。

❷ 锅上火,油烧热,加水烧沸,下鸭氽烫,以滤除血水。❸ 将鸭转入砂钵内,放入红枣、薏米烧开,小火煲约60分钟,放入冬瓜煲熟,加盐和胡椒粉调味即可。

土豆玉米棒牛肉汤

适合人群: 女性

材 料 熟牛肉200克,土豆100克,玉米棒65克。

调 料 花生油25克,精盐少许,鸡精3克,姜2克,香油2克。

制作方法

❶ 将牛肉洗净、切丁,土豆去皮、洗净、切块,玉米棒洗净备用。

❷ 炒锅上火倒入花生油,将姜煸香后倒入水,调入精盐、鸡精,下入牛肉、土豆、玉米棒煲至熟淋入香油即可。

奶汤娃娃菜

适合人群: 女性

材 料 娃娃菜200克,枸杞10克。

调 料 花生油20克,精盐少许,高汤适量,葱3克,香油2克。

制作方法

❶ 将娃娃菜洗净切条状备用,枸杞洗净。

❷ 净锅上火倒入花生油,将葱炝香,倒入高汤,调入精盐,下入娃娃菜、枸杞煲至熟,淋入香油即可。

腐竹山木耳汤

适合人群：女性

材　料 水发腐竹90克，水发山木耳30克，青菜10克。
调　料 花生油20克，酱油少许，精盐5克，葱、姜各3克。

制作方法

① 将水发腐竹切段，水发山木耳撕成小朵备用。

② 净锅上火倒入花生油，将葱、姜爆香，倒入水，调入精盐、酱油烧沸，下入水发腐竹、水发山木耳、青菜煲至熟即可。

萝卜豆腐煲

适合人群：女性

材　料 白萝卜150克，胡萝卜80克，豆腐50克。
调　料 精盐适量，味精、香油、香菜各3克。

制作方法

① 将白萝卜、胡萝卜去皮，豆腐均切成小丁备用。

② 炒锅上火倒入水，调入精盐、味精，下入白萝卜、胡萝卜、豆腐煲至熟，淋入香油，放入香菜即可。

步步高升煲

适合人群：女性

材　料 年糕175克，日本豆腐3根，红薯100克，银杏10颗。
调　料 高汤、精盐各适量。

制作方法

① 将年糕、日本豆腐、红薯洗净均切块；银杏洗净备用。

② 净锅上火倒入高汤，调入精盐，下入年糕、日本豆腐、红薯、银杏煲至熟即可。

莲藕解暑汤

适合人群：女性

材 料 莲藕 150 克，绿豆 35 克。

调 料 精盐 2 克。

制作方法

① 将莲藕去皮洗净切块，绿豆淘洗净备用。

② 净锅上火倒入水，下入莲藕、绿豆煲至熟，调入精盐搅匀即可。

百合猪腱炖红枣

适合人群：女性

材 料 猪腱子肉 200 克，水发百合 30 克，红枣 10 颗。

调 料 清汤适量，精盐 6 克。

制作方法

① 将猪腱子肉洗净、切片，水发百合洗净，红枣稍洗备用。

② 净锅上火倒入清汤，下入猪腱子肉，调入精盐烧沸，再下入水发百合、红枣，煲至熟即可。

黄芽青豆瘦肉汤

适合人群：女性

材 料 黄豆芽 150 克，猪肉 75 克，青豆 20 克。

调 料 花生油 35 克，精盐 6 克，味精 3 克，葱花 4 克，香油 2 克。

制作方法

① 将黄豆芽洗干净，猪肉洗净切片，青豆洗净备用。

② 净锅上火倒入花生油，将葱花爆香，下入肉片煸炒，再下入黄豆芽、青豆稍炒，倒入水，调入精盐、味精煲至熟，淋入香油即可。

黄瓜红枣排骨汤

适合人群：女性

材 料 黄瓜 250 克，猪排骨 200 克，红枣 6 颗。
调 料 清汤适量，精盐 6 克，葱、姜各 3 克。

制作方法

① 将黄瓜洗净切滚刀块，猪排骨洗净斩块焯水，红枣洗净备用。
② 净锅上火倒入清汤，调入精盐、葱、姜，下入猪排骨、红枣煲至快熟时，下入黄瓜再续煲至熟即可。

绿豆海带排骨汤

适合人群：女性

材 料 海带片 200 克，猪排骨 175 克，绿豆 20 克。
调 料 清汤适量，精盐 6 克，姜片 3 克。

制作方法

① 海带片洗净切块，猪排骨洗净斩块焯水，绿豆淘洗净备用。
② 净锅上火倒入清汤，调入精盐、姜片，下入猪排骨、绿豆煲至快熟时，下入海带续煲至熟即可。

猪骨菠菜汤

适合人群：女性

材 料 猪骨 200 克，菠菜 50 克。
调 料 精盐少许。

制作方法

① 将猪骨洗净、切块、余水，菠菜择洗净切段备用。
② 净锅上火倒入水，调入精盐，下入猪骨烧开，打去浮沫，煲至快熟时，下入菠菜即可。

玉米粒菜叶猪肚汤

适合人群：女性

材 料 玉米粒（罐装）200 克，熟猪肚 150 克，白菜叶 30 克。
调 料 清汤适量，精盐 5 克，白糖 2 克。

制作方法

① 将玉米粒洗净，熟猪肚切成小丁，白菜洗净撕成小块备用。

② 净锅上火倒入清汤，倒入水，调入精盐、白糖，倒入玉米粒、熟猪肚煲至熟，再下入白菜叶煲 2 分钟即可。

绿色润肠煲

适合人群：女性

材 料 熟大肠 150 克，菠菜 100 克，豆腐 50 克。
调 料 精盐少许，味精 3 克，高汤适量。

制作方法

① 将大肠切小块，豆腐切小块，菠菜洗净切段备用。

② 净锅上火倒入高汤，下入大肠、豆腐、菠菜，调入精盐、味精，煲至熟即可。

西红柿胡萝卜牛肉汤

适合人群：女性

材 料 牛肉 175 克，西红柿 1 个，胡萝卜 20 克。
调 料 高汤适量，精盐 6 克，香菜 3 克，香油 2 克。

制作方法

① 将牛肉洗净、切块、汆水，胡萝卜去皮、洗净、切块，西红柿洗净、切块备用。

② 净锅上火倒入高汤，调入精盐，下入牛肉、胡萝卜、西红柿煲至熟，撒入香菜，淋入香油即可。

第十一章

免疫增强汤

鸡骨草瘦肉汤

适合人群：男性

材 料 瘦肉500克，生姜20克，鸡骨草10克。
调 料 盐4克，鸡精3克。

制作方法

①瘦肉洗净，切块；鸡骨草洗净，切段，绑成节，浸泡；生姜洗净，切片。②瘦肉氽一下水，去除血污和腥味。③锅中注水烧沸，放入瘦肉、鸡骨草、生姜以小火慢炖，2.5小时后加入盐和鸡精调味即可。

天山雪莲金银花煲瘦肉

适合人群：女性

材 料 瘦肉300克，天山雪莲、金银花、干贝、山药各适量。
调 料 盐5克，鸡精4克。

制作方法

①瘦肉洗净，切件；天山雪莲、金银花、干贝洗净；山药洗净，去皮，切件。②将瘦肉放入沸水过水，取出洗净。③将瘦肉、天山雪莲、金银花、干贝、山药放入锅中，加入清水用小火炖2小时，放入盐和鸡精即可。

茯苓芝麻菊花猪瘦肉汤

适合人群：女性

材 料 猪瘦肉400克，茯苓20克，菊花、白芝麻各少许。
调 料 盐5克，鸡精2克。

制作方法

①瘦肉洗净，切件，氽去血水；茯苓洗净，切片；菊花、白芝麻洗净。
②将瘦肉放入煮锅中氽水，捞出备用。
③将瘦肉、茯苓、菊花放入炖锅中，加入清水炖2小时，调入盐和鸡精，撒上白芝麻关火，加盖焖一下即可。

霸王花排骨汤

适合人群：男性

材 料 排骨 300 克，霸王花 100 克，白菜少许。
调 料 盐 5 克，味精 3 克。

制作方法

① 排骨洗净，斩成块；霸王花泡发，撕开；白菜洗净，切开。

② 将排骨入沸水中氽去血水，捞出。

③ 再将霸王花、排骨放入瓦罐中，加适量清水，煲 30 分钟后再下入白菜稍煮，用盐和味精调味即可。

板栗排骨汤

适合人群：男性

材 料 鲜板栗、排骨各 150 克，人参片少许，胡萝卜 1 条。
调 料 盐 1 小匙。

制作方法

① 板栗煮约 5 分钟，剥膜；排骨入沸水氽烫，洗净；胡萝卜削皮，洗净切块；人参片洗净。

② 将所有的材料盛锅，加水至盖过材料，以大火煮开，转小火续煮约 30 分钟，加盐调味即成。

山药枸杞牛肉汤

适合人群：男性

材 料 山药 600 克，枸杞 10 克，牛腱肉 500 克。
调 料 盐 6 克。

制作方法

① 牛肉切块，洗净，氽烫后捞出，再用水冲净。② 山药削皮，洗净切块。③ 牛肉放入锅中，加 7 碗水以大火煮开，转小火慢炖 1 小时。

④ 锅中加入山药、枸杞续煮 10 分钟，加盐调味即成。

人参鸡汤

适合人群：老年人

材 料 童子鸡1只，高丽参1克，板栗2个，红枣3个，葱2段，枸杞5克，泡好的糯米50克。

调 料 盐5克，胡椒粉3克。

制作方法

① 鸡洗净，放入洗净的板栗、红枣、葱段、枸杞、高丽参、糯米。
② 锅中注适量水，放入鸡炖40分钟。③ 炖至熟，调入盐、胡椒粉，2分钟后即可食用。

黄精山药鸡汤

适合人群：儿童

材 料 黄精10克，山药200克，红枣8枚，鸡腿1只。

调 料 盐6克，味精适量。

制作方法

① 鸡腿洗净，剁块，放入沸水中余烫，捞起冲净；黄精、红枣洗净；山药去皮洗净，切小块。② 将鸡腿、黄精、红枣放入锅中，加7碗水，以大火煮开，转小火续煮20分钟。③ 加入山药续煮10分钟，加入盐、味精调味即成。

虫草炖老鸭

适合人群：男性

材 料 冬虫夏草5枚，老鸭1只。

调 料 姜片、葱花、胡椒粉、盐、陈皮末、味精各适量。

制作方法

① 将冬虫夏草用温水洗净；鸭处理干净斩块，再将鸭块放入沸水中焯去血水，然后捞出。
② 将鸭块与虫草先用大火煮开，再用小火炖软后加入姜片、葱、陈皮末、胡椒粉、盐、味精，拌匀即可。

猴头菇干贝乳鸽汤

适合人群：男性

材 料 乳鸽肉 250 克，猴头菇 10 克，干贝 20 克，枸杞少许。
调 料 盐 3 克。

制作方法

①乳鸽肉洗净，斩件；猴头菇洗净；枸杞、干贝均洗净，浸泡 10 分钟。②锅入水烧沸，放入鸽肉稍滚 5 分钟，捞起洗净。③将干贝、枸杞、鸽肉放入砂煲，注水烧沸，放入猴头菇，改小火炖煮 2 小时，加盐调味即可。

西洋参百合绿豆炖鸽汤

适合人群：老年人

材 料 乳鸽 1 只，西洋参、百合、绿豆各适量。
调 料 盐 3 克。

制作方法

①乳鸽处理干净；西洋参、百合均洗净，泡发；绿豆洗净，泡水 20 分钟。②锅中注水烧开，放入乳鸽煮尽血水，捞出洗净。③将西洋参、乳鸽放入瓦煲，注入适量清水，大火烧开，放入百合、绿豆，以小火煲煮 2.5 小时，加盐调味即可。

白术黄芪煮鱼

适合人群：男性

材 料 虱目鱼肚 1 片，芹菜适量，白术、黄芪各 10 克，防风 6.5 克。
调 料 盐、味精、淀粉各适量。

制作方法

①将虱目鱼肚洗净切片，放少许淀粉腌渍 20 分钟；药材洗净，沥干备用。②锅置火上，倒入清水，将药材与虱目鱼肚一起煮，用大火煮沸，再转小火续熬，至味出时，放适量盐、味精调味，起锅前，加入适量芹菜即可。

金针菇金枪鱼汤

适合人群：男性

材 料 金枪鱼肉150克，金针菇150克，西蓝花75克，天花粉15克，知母10克。

调 料 姜丝5克，盐2小匙。

制作方法

① 将天花粉和知母放入棉布袋；鱼肉洗净；金针菇、西蓝花洗净，剥成小朵备用。② 清水注入锅中，放棉布袋和全部材料煮沸，取出棉布袋，放入姜丝和盐调味即可。

海参甲鱼汤

适合人群：老年人

材 料 水发海参100克，甲鱼1只，枸杞10克。

调 料 高汤、盐各适量，味精3克。

制作方法

① 将海参处理干净；甲鱼处理干净，斩块，氽水备用；枸杞洗净。② 瓦煲上火，倒入高汤，下入甲鱼、海参、枸杞煲至熟，加盐、味精调味即可。

土茯苓鳝鱼汤

适合人群：男性

材 料 鳝鱼、巴西蘑菇各100克，当归、土茯苓、赤芍各10克。

调 料 盐2小匙，米酒1/2大匙。

制作方法

① 鳝鱼处理干净，切小段，用盐腌渍10分钟，再用清水洗净；将其余材料用清水洗净。② 全部材料与适量清水置入锅中，以大火煮沸转小火续煮20分钟，加入盐、米酒拌匀即可。

冬瓜桂笋素肉汤

适合人群：孕产妇

材　料 素肉块 35 克，冬瓜块 100 克，桂竹笋 100 克，黄柏 10 克，知母 10 克。

调　料 盐 5 克。

制作方法

❶ 素肉块放入清水中浸泡至软化，取出挤干水分备用。❷ 黄柏、知母放入棉布袋与 600 毫升清水置入锅中。❸ 加入其余材料混合煮熟，加入盐调味，取出棉布袋即可食用。

上汤西洋菜

适合人群：老年人

材　料 西洋菜 400 克，红椒 50 克，熟咸蛋 2 个，松花蛋 2 个。

调　料 盐 3 克，葱丝 10 克。

制作方法

❶ 西洋菜洗净；熟咸蛋取蛋白切丁，松花蛋去壳，均切成块；红椒洗净，切成块备用。❷ 油锅烧热，加入葱丝、红椒稍炒，加入温水、松花蛋、咸蛋，煮至汤色变白。❸ 再加入西洋菜、盐，煮至西洋菜变软即可盛出。

三丝西红柿汤

适合人群：女性

材　料 猪瘦肉 100 克，粉丝 25 克，西红柿 20 克。

调　料 盐 3 克，味精 1 克，料酒 15 克，香油少许，高汤适量。

制作方法

❶ 猪瘦肉、西红柿均洗净，切丝；粉丝用温水泡软。❷ 炒锅上火，加入高汤烧开，加入肉丝、西红柿、粉丝。❸ 待汤沸，加入料酒、盐、味精，盛入汤碗内，淋香油即可。

萝卜炖大骨汤

适合人群：男性

材 料 大骨 800 克，白萝卜、胡萝卜各 300 克。
调 料 盐 3 克，葱花 10 克，醋少许。

制作方法

1. 大骨砸开洗净；白萝卜去皮，洗净，切块；胡萝卜洗净，切块。
2. 大骨、白萝卜、胡萝卜放入高压锅内，放入适量清水，滴几滴醋，压阀炖 30 分钟。 3. 放适量盐调味，撒上葱花即可。

千张筒骨煲

适合人群：老年人

材 料 筒子骨 500 克，千张 100 克，上海青 20 克，枸杞 10 克。
调 料 盐 5 克，味精 3 克。

制作方法

1. 将筒子骨砸开洗净；千张洗净，切丝；上海青洗净；枸杞泡开。
2. 将筒子骨汆去血水，捞出放入砂锅中煲至汤汁浓白。 3. 下入千张、枸杞再煲 20 分钟，最后放入上海青，待各材料均熟，加盐、味精调味即可。

浓汤钙骨煲

适合人群：女性

材 料 猪排骨 500 克，嫩玉米 200 克，枸杞少许。
调 料 盐 2 克，味精 1 克。

制作方法

1. 猪排骨洗净，剁成块；嫩玉米洗净，切成长条；枸杞洗净。
2. 锅置于火上，注水，放入排骨焖煮 30 分钟左右，加盐煮入味，再加入玉米条、枸杞焖煮。
3. 至味香时，加入味精调味，起锅装碗即可。

第十二章

延年益寿汤

猪皮麦冬胡萝卜汤

适合人群：老年人

材 料 胡萝卜、麦冬各 50 克，猪皮 100 克。
调 料 猪骨高汤、姜、盐各适量。

制作方法

❶ 将麦冬以温水泡软；将猪皮洗净，切成长条状；将胡萝卜刷洗干净（连皮吃更营养），切成块状备用。❷ 将预先准备好的猪骨高汤倒入汤锅，加热煮沸后，将麦冬、胡萝卜、猪皮、老姜片一起放入汤里，文火炖煮约 1 小时。待猪皮与胡萝卜熟软后，加入少许盐调味即可。

洋参雪梨鹌鹑汤

适合人群：老年人

材 料 鹌鹑 6 只，雪梨 3 个，西洋参 15 克，川贝 15 克，杏仁 15 克，蜜枣 4 颗。
调 料 香油、盐少许，冷水 3000 毫升。

制作方法

❶ 鹌鹑宰杀洗净，斩成两片，用开水烫一下。❷ 雪梨洗净，每个切成 2～3 块，剜去梨心；其余用料分别淘洗干净。❸ 煲内放入冷水烧至水开，放入以上用料，用中火煲 90 分钟后再用小火煲 90 分钟即可。❹ 煲好后，取出药渣，放香油、盐调味，咸淡随意。

田七鸡丝汤

适合人群：老年人

材 料 鸡脯肉 200 克，田七 8 克，水发木耳 5 克。
调 料 花生油 25 克，精盐 4 克，葱、姜末各 2 克，香油 3 克。

制作方法

❶ 将鸡脯肉洗净切丝，田七洗净，水发木耳洗净切丝备用。❷ 净锅上火倒入花生油，将葱、姜末爆香，下入鸡脯肉煸炒，倒入水，调入精盐，下入水发木耳、田七煲至熟即可。